Andrea und Markus Eschbach

Bodenarbeit mit dem Leitseil

Führ- und Beziehungstraining mit dem Pferd

KOSMOS

Inhalt

In Verbindung mit dem Pferd 4

Konkrete Arbeitsanleitungen 6
Die Ausrüstung 9
Grundlagen für das Training 14

Basistraining mit Leitseil 22

Trainings-Guide 24
Berührung 26
Seilgewöhnung 33
Vorwärts 37
Rückwärts 43
Hinterhand bewegen 47
Vorhand bewegen 52
Hals biegen 55
Stellen 58
Biegen 59
Kopf senken 61
Beine bewegen 66
Varianten 68
Vorübungen: Handling des Seils 75
Übungen kombinieren 78

Führrtraining mit Leitseil 86

Erste Führposition 92
Zweite Führposition 95
Dritte Führposition 101
Vierte Führposition 103
Longieren – nicht nur auf dem Zirkel 104
Die große Freiheit 110
Verfeinern und erweitern 113
Figuren 114
Transfer nach draußen 116
Alltagsideen 118

Service 120

Nützliche Adressen 121
Zum Weiterlesen 122
Register 124

In Verbindung mit dem Pferd

Schnurhalfter und Seil – welch einfache Arbeitsgeräte! Es sollte unserer Meinung nach möglich sein, ein Pferd optimal zu führen und zu kontrollieren, auch ohne Gebiss oder andere einschränkende Hilfsmittel. Halfter und Leitseil sind unserer Erfahrung nach eine gute Wahl, die einen vielseitigen Einsatz möglich machen.

Wenn wir Pferde fundiert und konsequent erziehen und es zur guten Gewohnheit des Pferdes gehört, folgsam und kooperativ zu sein, dann lassen sich Pferde mit Schnurhalfter und Leitseil problemlos führen oder longieren. Auch Spazierengehen, Spielen und Reiten mit Schnurhalfter kommen dann auf die Palette der Möglichkeiten.

Wer sich mit diesem leichten Kopfstück vertraut macht, wird bald merken, wie wenig ausschlaggebend die Art der Zäumung für die Führbarkeit ist. Reiten mit dem Halfter und einem Seil, oder auch mal nur mit einem Seil um den Pferdehals oder einem Halsring, werden spielerisch möglich und ganz natürlich.

Fabiola trägt hier ein Ringknotenhalfter mit seitlich eingeknoteten Ringen, in die man Zügel zum Reiten einhängen kann.

Entscheidend ist nach unserer eigenen Erfahrung das „Kopfkino": Wenn wir gedanklich „loslassen" können und allein schon von der potentiellen Möglichkeit ausgehen, dass es funktionieren könnte, dann ist der Umgang und das Reiten mit reduzierten Hilfsmitteln nur noch Übungssache! Übung steckt in allem drin, was wir tun. Hier aber ist entscheidend, dass unsere mentale Programmierung stimmt.

Schnurhalfter und Leitseil lassen sich sehr vielseitig einsetzen.

Konkrete Arbeitsanleitung

Wir sprechen hier nicht von irgendwelchen psychologisch komplizierten Denkmustern, sondern möchten mit diesem Buch ganz klare und konkrete Hilfestellung geben, wie wir den Erfolg, die Führbarkeit und den engen Kontakt mit dem Pferd wirklich Schritt für Schritt erarbeiten können.

Es ist kein Zufallsprodukt, dass die einen nur mit einem Seilchen um den Hals reiten können und die anderen ein Steigergebiss benutzen, um ihr Pferd zu kontrollieren. Die Möglichkeit, leicht, fein und unbelastet mit dem Pferd umzugehen – ob am Boden oder vom Sattel aus – kann jeder lernen. Mit Schnurhalfter und Seil haben Sie gute und zuverlässige Ausbildungsmöglichkeiten.

Um gerecht zu sein, müssen wir da zu sagen, dass größtmögliche Freiheit nicht das Ziel jeden Reiters ist. Die meisten Reiter wollen durchaus fein und harmonisch mit ihrem Pferd umgehen, aber oft kommen hier bereits die ersten Gedankenblockaden ins Spiel: „Ich will ja schon fein reiten, aber mein Reitlehrer hat gesagt, den musst du jetzt mal anpacken, der glaubt dir sonst nicht!" Es fehlt also oft auch das Umfeld, das den Schülern eine Möglichkeit bietet, diese „potentielle Offenheit" zu wagen oder gar zu üben.

Toll ist, wenn Sie in Ruhe, mit sinnvoll aufgebauten Schritten und begleitet ausprobieren können, was in Ihren Möglichkeiten liegt. Auch wir Menschen brauchen kleine Schritte, damit wir zum wahren Überflieger werden können!

Grenzen und Risiken

Alles, was wir an Hilfsmitteln benutzen, hat Grenzen. Alles, was in irgendeine Extremform umschlägt, verfehlt das Ziel. Das bedeutet: Wenn wir unsere Hilfsmittel unsachgemäß einsetzen, überschreiten wir Grenzen, die vielleicht sinnvoll gewesen wären, weil sie schadensbegrenzend gewirkt hätten.

Wir sollten uns also immer damit auseinandersetzen, wie unsere Hilfsmittel wirken und wie wir sie einsetzen. Letztendlich können wir alles missbrauchen.

Wirkliche Grenzen setzt also nur derjenige, der die Hilfsmittel gerade einsetzt.

Wir sollten fachlich Bescheid wissen und bereit sein, uns im Zweifelsfall immer für das Pferd zu entscheiden und nicht für die Show oder das Resultat.

Beim Training mit Schnurhalfter und Seil können wir einen enormen Teil der Bodenarbeitstechniken abdecken, aber es gibt Aufgaben, bei denen wir gerne andere Hilfsmittel einsetzen, weil diese besser wirken und vor allem für das Pferd verständlicher sind.

Ein Beispiel: Vergleichen Sie bei der Arbeit an der Hand die Wirkung des Schnurhalfters mit der eines Kappzaums. Sie möchten das Pferd in Innenstellung bringen. Wenn Sie unten am Knoten des Schnurhalfters seitlich einwirken, um das Pferd zu stellen, dann ist die Gefahr des Verwerfens im Genick groß, weil die Einwirkung eigentlich genau dies fordert. Das Pferd wird in guter Meinung annehmen, dass es den Kopf schräg halten soll.

Machen wir dasselbe mit dem Kappzaum, dann ergibt sich aus der gleichen Hilfengebung eine andere Wirkung: Der Zug zur Seite wirkt von oben auf den Nasenrücken, damit wird der gewünschte Winkel für das Pferd viel leichter zu verstehen, das Verwerfen wird ausbleiben.

Unten links: Ein Kappzaum kann das korrekte seitliche Nachgeben im Genick leichter machen.

Nicht ideal: das unbeaufsichtigte Anbinden von Pferden mit dem Schnurhalfter.

Ein Schnurhalfter sitzt ziemlich locker am Pferdekopf ... aber nicht so locker wie unten im Bild.

Für und wider

Am Schnurhalfter scheiden sich immer noch die Geister. Die einen befürworten es glühend, da sich viele Führproblematiken gut lösen lassen und es ein sehr praktisches, vielseitig einsetzbares Arbeitsgerät ist. Die anderen sind genauso glühend dagegen, weil „es genau auf die Nervenknoten der Gesichtsnerven drückt" (was übrigens nicht stimmt!) und man „damit extrem schmerzhaft" einwirkt.

Wie schon erwähnt: Lernen Sie den sinnvollen Umgang mit dem Hilfsmittel, aber erkundigen Sie sich dabei auch unbedingt darüber, wo Grenzen und Risiken liegen.

Binden Sie bitte niemals Ihr Pferd am Schnurhalfter an und lassen Sie es unbeaufsichtigt. Erschreckt sich Ihr Pferd vielleicht doch einmal und zieht panikartig zurück, dann schneidet das dünne Seil eher ein, als dass es reißt. Benutzen Sie zum Anbinden gerne den „Pijama", ein gut sitzendes Stallhalfter. Dieses wird bei starkem Zug eher nachgeben.

Das dünne Seil des Halfters kann sehr scharf wirken, wenn wir unkontrolliert daran ziehen. Auch hier müssen wir einen sinnvollen Umgang lernen.

Schnurhalfter sitzen nicht so eng am Kopf wie ein Stallhalfter. Es sollte aber so gut sitzen und von der Größe her stimmen, dass das Nasenteil sich nicht über die Nase herunterziehen lässt oder beim seitlichen Verdrehen das Halfter ans Auge rutscht.

Die Ausrüstung

Schnur- oder Knotenhalfter

Schnurhalfter heißen so, weil sie aus einem Stück Schnur geknotet sind. Die Knoten sitzen an ihren Stellen, weil sie dem Halfter die Form geben, und nicht, weil sie Druck auf diverse Nervenendungen geben sollen.

Diese Art Kopfstücke haben sich bereits die alten Reitervölker selbst geknotet, es ist also keine Erfindung der Neuzeit. Sie sind praktisch, leicht und bieten viele Einsatzmöglichkeiten.

Führseile

Verschieden lange Seile sind je nach Art der Arbeit sinnvoll. Beginnen Sie mit einem circa 3,5 m Seil. Das ist länger als ein normaler Führstrick (die meist lächerlich und gefährlich kurz sind!), damit haben Sie mehr Spielraum, wenn Ihr Pferd nicht wie gewünscht mitmacht, stolpert oder sich erschreckt. Für die Basisübungen, bei denen Sie oft noch recht nah am Pferd arbeiten, hat das 3,5 m Seil eine ideale Arbeitslänge.

Bei Übungen auf mehr Distanz oder auch in schnellerem Tempo ist ein 7 m Seil sinnvoller. Wenn Sie unseren Anleitungen folgen, werden Sie durch das Handling mit dem kurzen Seil schon etwas Seilübung haben, sodass Sie bald auch mit dem langen Seil klarkommen. Bitten Sie doch zur Übung einen menschlichen Partner, Ihr Pferd zu spielen – mit dem Vorteil, dass er Ihnen ein verbales Feedback geben kann!

Weiche, rundgeflochtene Arbeitsseile. Die Seile in Weiß und Grün haben eine Öse, sodass der Karabiner entfernt werden kann.

Mit einem einfachen
D-Knoten verschließen
Sie das Schnurhalfter
richtig.

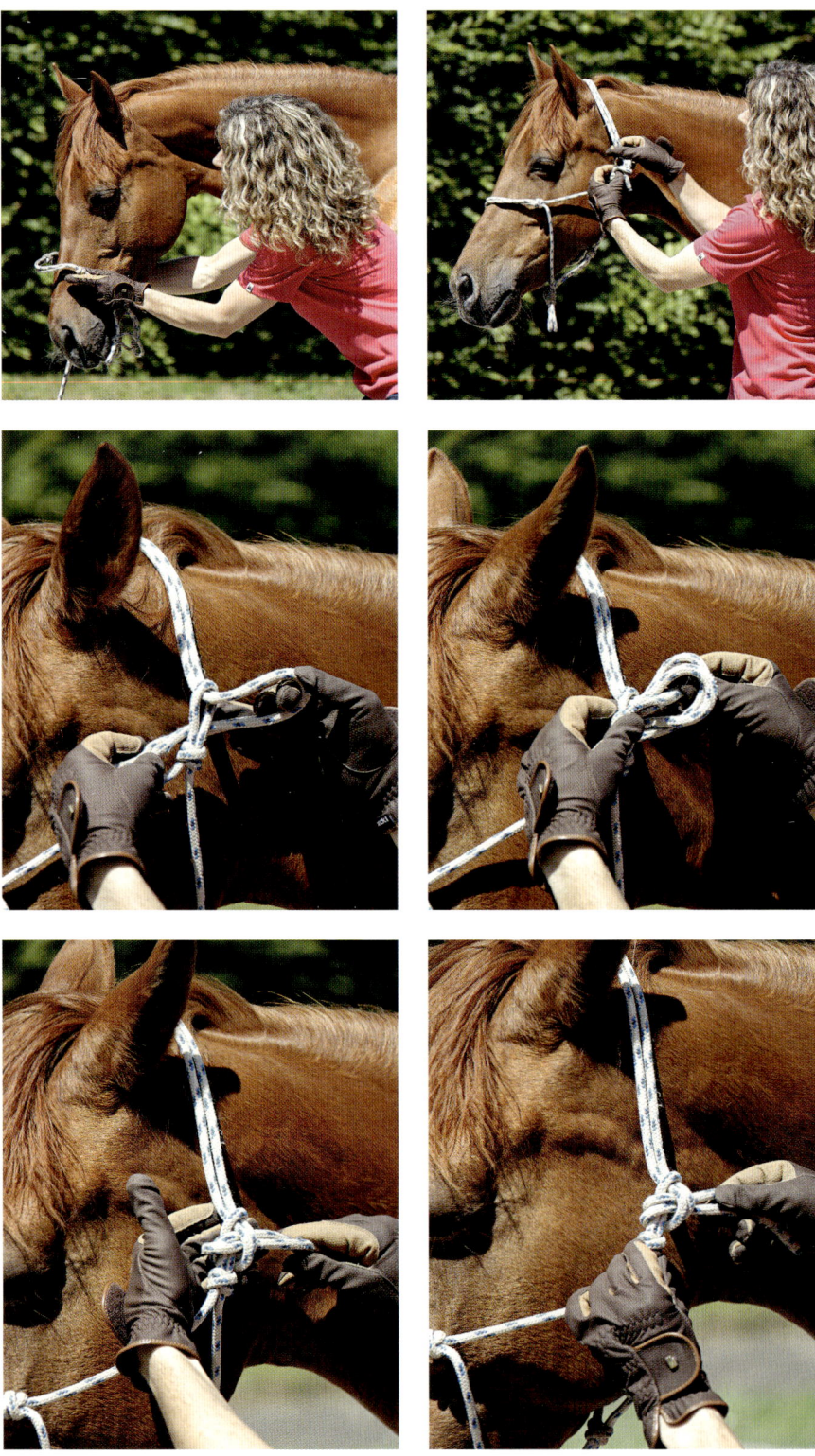

Alle Seile aus Kunststoff-Baumwoll-Mischung sind sehr gut geeignet, die etwas teurere Ausführung zu wählen lohnt sich. Die Seile sollen rund geflochten, sehr geschmeidig sein und gut in der Hand liegen. Am Ende sitzt ein Lederzipper. Berührt man damit das Pferd, ist es nicht schmerzhaft, außerdem lässt es sich damit gut fokussieren. Viele Seile haben Karabiner, die in einer Seilöse hängen und die man leicht entfernen oder auch mal ersetzen kann.

Techniken, die mit Karabiner beim Bewegen des Seils den Kopf des Pferdes treffen, lehnen wir ab. Wenn Übungen mit mehr Seilbewegungen verbunden sind, entfernen Sie besser den Karabiner.

Gerte, Peitsche oder Kontaktstock

Als weiteres Hilfsmittel verwenden wir eine Form eines „verlängerten Arms". Genau das ist jede Art von Gerte oder Stöckchen: sie machen unseren Arm länger. So können wir auch auf Distanz unser Pferd dirigieren oder auch mal antippen. Wer gut mit dem Ende des Leitseils dirigieren kann, soll

> **Tipp** | Handschuhe
>
> Bitte tragen Sie bei der Arbeit mit dem Seil Handschuhe. Auch das weichste Baumwollseil brennt, wenn es Ihnen durch die Finger rutscht. Weiche, dünne Handschuhe, mit denen Sie ein möglichst gutes Gefühl haben, sind optimal.

dieses gern auch einsetzen. Da ein Stock aber starrer und gerader ist, hat er eine ganz andere Qualität und Wirkung als das Seil, das runder und weicher ist. Je nach gewünschter Wirkung setzen wir das entsprechende Hilfsmittel ein.

Wenn Sie argumentieren: „Ich kann aber mit einer Peitsche gar nichts anfangen!", dann dürfen Sie es ruhig mal lernen. Es ist weniger schwer als Sie denken und in diesem Buch finden Sie Anregungen zum Üben (siehe Seite 75).

Setzen Sie sich nicht selber Grenzen, indem Sie in die Trägheitsfalle tappen! Und lassen Sie sich auch nicht entmutigen von unschönen Bildern mit grober Peitschenführung.

Arbeiten Sie mit Handschuhen.

Eine Auswahl an Peitschen und Gerten: Variieren Sie die Art Ihrer Hilfsmittel je nach Distanz zum Pferd.

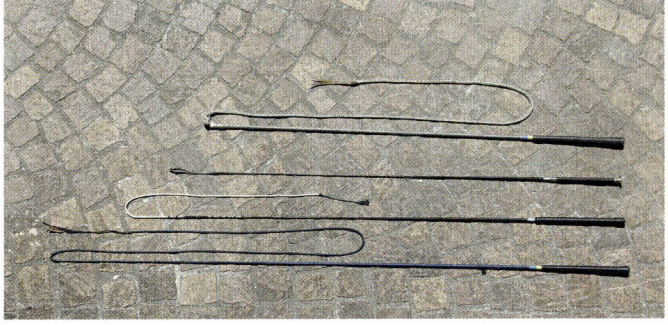

Tipp | Equipment

Je nach Zielsetzung ist es sinnvoll, unterschiedliche Hilfsmittel zu verwenden. Informieren Sie sich über deren Wirkung und Handhabung. Die beste Ausrüstung ersetzt aber nicht die Übung.

Info | Markierungen

Spielzeug zum Markieren und Aufbauen optischer Hilfen wie Pylonen, Hütchen, Tonnen oder Miniblocks finden Sie leicht im Internet unter Bedarf für Fußballer oder Leichtathleten.

Sie haben es in der Hand, es anders zu machen. Sie werden staunen, wie fein und präzise Sie mit einer Gerte Ihrem Pferd helfen können zu verstehen, welchen Millimeter seines Körpers es gerade bewegen soll.

Darum sollte es beim Einsatz von stockähnlichen Hilfsmitteln gehen: Es ist eine Hilfe mittels eines langen und geraden Gegenstands, der durch seine Form Halt und Richtung geben kann, oder mit dessen Einsatz Sie die Kommunikation verfeinern und präzisieren können. Probieren Sie es aus und vergleichen Sie, wie sich welches Hilfsmittel anfühlt.

Gerade bei Pferden, die zum seitlichen Drängeln beim Führen neigen, hilft die klare Abgrenzung mittels einer Gerte. Wir tragen die Gerte dabei zwischen uns und dem Pferdekörper, und können so klare Verhältnisse schaffen. Sie merken mit Hilfe dieser „Leitplanke" frühzeitig, wenn Ihr Pferd drängelt, und können sofort über die Pferdeschulter das Signal für mehr Abstand geben. Auch bei sehr triebigen Pferden ist das Arbeiten mit einer Gerte (hier gerne den Stick mit Kontaktseil) hilfreich. Sie können souverän in Kopfnähe führen und werden trotzdem nicht dazu verleitet, Ihr Pferd vorwärts zu ziehen. Obwohl Sie vorne gehen, können Sie mit dem verlängerten Arm gleichzeitig von hinten das Pferd anschieben. So richten Sie den Fokus auf die Hinterhand, die ja den Motor des Pferdes darstellt.

Übungsplätze

Zu guter Letzt müssen Sie sich überlegen, wo Sie üben wollen. Zu Beginn beim Erarbeiten der kleinen Basisübungen ist es sinnvoll, dass Sie einen Ort wählen, an dem das Pferd möglichst wenig abgelenkt wird. Auf einer Weide mit schönem Gras ist das Kopfsenken sehr schwierig zu üben – oder im Gegenteil sehr leicht!

Es soll Ihrem Pferd leichtfallen, sich auf Sie und Ihre ungewohnten Ideen zu konzentrieren. Natürlich hängt es auch ein wenig von der Persönlichkeit Ihres Pferdes ab: Hängt es sehr an seinen Kollegen, dann arbeiten Sie zumindest in Sichtweite seiner Stallgenossen, wenn es dann entspannter ist.

Für die Kombinationen oder Übungen mit mehr Tempo können Sie natürlich auch auf einer Weide, einem Reitplatz oder in der Halle arbeiten.

Grasflächen können Sie natürlich als besondere Herausforderung gezielt wählen: Daran können Sie sehen, wie gut Sie als Team schon sind.

Und ein toller „Arbeitsplatz" ist für uns auch das Gelände: Sie können alles tun und üben, was Sie sonst auch machen. Achten Sie aber darauf, dass Sie zuerst Kontrolle über die Basiselemente haben, sonst lernt Ihr Pferd schnell das Gegenteil!

Benutzen Sie ruhig auch die Natur als Spielplatz!

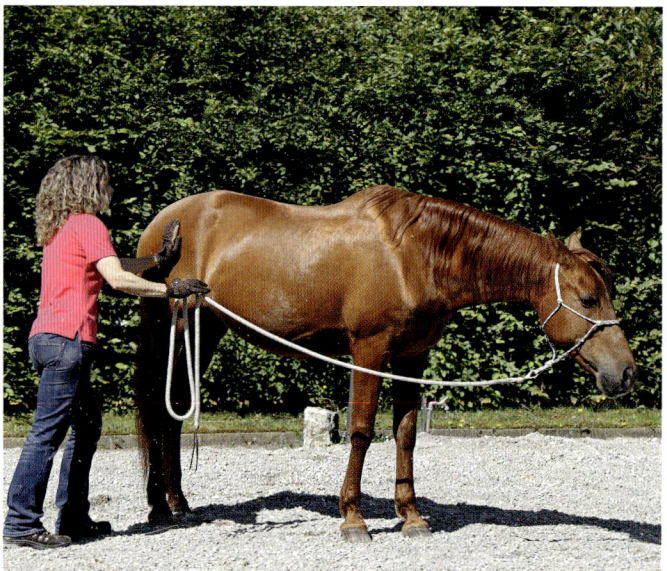

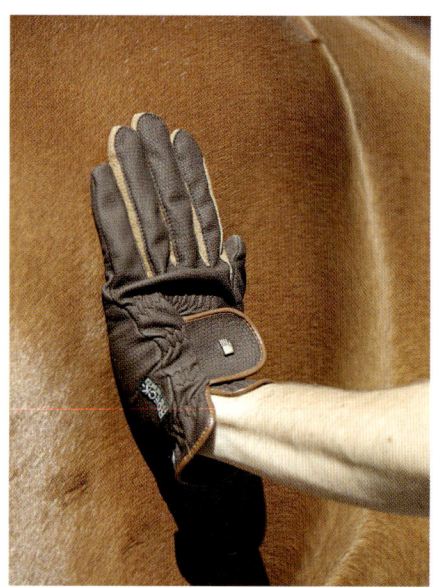

Schritt für Schritt zu arbeiten – das schafft eine stabile Grundlage!

Grundlagen für das Training

„Bausünden"

Basisübungen sollen eine gute, stabile Basis für das weitere Training legen. Die Qualität eines Fundamentes ist entscheidend für die Stabilität eines Bauwerks, egal was man darauf errichtet. Wurde beim Fundament gespart oder geschlampt, kann sich das verheerend auswirken, wenn man weiterbaut.

Vielleicht sind „Baumängel" nicht sofort sichtbar, aber es ist nur eine Frage der Zeit, dass sie irgendwann zutage treten. Und solche Renovierungen sind meist teuer und sehr aufwendig. Und ob sie auf die Dauer befriedigend ausfallen, ist ungewiss.

Oft genug sind solche „Renovierungsarbeiten" bei Pferden unsere Aufgabe. Es wurde am Fundament gespart und weitergebaut, obwohl der Zement noch nicht trocken und damit nicht stabil war. Es fällt schwer, sich Zeit zu lassen und geduldig zu sein.

Junge Pferde kosten Geld, wenn sie nur herumstehen, fressen und nichts können. So kann man sie nicht gewinnbringend verkaufen. Also wird

Tempo gemacht: Viel zu früh werden sie „rangenommen", damit sie in spätestens drei Monaten „alles" können. Wird in einem vorgegebenen Zeitrahmen eine bestimmte Leistung erwartet, muss sich das Pferd halt anpassen. Der Trainer kann dem Pferd, das sich diesem Zeitrahmen nicht anpasst, nur bedingt Raum lassen. Irgendwann muss er Druck machen, um die geforderten Resultate zu erbringen.

Viele solcher Pferde funktionieren zunächst ganz gut. Aber wir bekommen immer öfter Pferde ins Training und zur „Korrektur", die gut funktioniert haben und dann „plötzlich" nicht mehr mitmachen. Selbstverständlich sind viele dieser Pferde nicht in „professionellen Händen", weshalb der Einwand, dass der Besitzer halt einfach „unfähig" sei und mit dem Pferd „völlig falsch" umgehe, verständlich erscheint.

Oft genug aber wurden genau diese Pferde als einfache, leicht zu reitende Anfängerpferde verkauft ...

Wenn wir solche Pferde vor uns haben, können wir oft feststellen, dass diesen ein stabiles, gewachsenes Fundament in der Ausbildung fehlt. Das macht sich bei einem etwas unsichereren Pferdemenschen irgendwann bemerkbar: Pferd und Reiter wissen beide zu wenig, um selbstbewusst und entspannt ihren Job tun zu können.

Jeder Reiter ist ein Trainer – auch ein Neuling!

Leider wird im Reitunterricht oder auch in der Pferdeausbildung immer noch viel zu wenig an der Basis gearbeitet. Damit meinen wir: Die Schüler lernen nur selten, wie oder mit welchen Maßnahmen sie ein Pferd erziehen oder trainieren können, bevor das Reiten beginnt. Pferdeerziehung und -ausbildung wird irgendwie immer in eine Extra-Schublade gepackt, da das ja „eh nix ist" für die Reitschüler.

Unsere Schüler, ob Anfänger oder Fortgeschrittene, lernen ihrem Können entsprechend von Anfang an Techniken und Übungen, die gründlich erklärt und sinnbezogen eingesetzt werden. Die Schüler bekommen so ein viel tiefer gehendes Verständnis, wie Pferde lernen und wie sie dem Pferd selber besser gerecht werden können. Natürlich können sie nicht alle Schritte einer Pferdeausbildung mitmachen, aber schon das „Reinschnuppern" in diesen Lern- und Lehrprozess schafft einen anderen Zugang zum Pferd. Er zeigt auch deutlich auf, wie klein manche Lernschritte sein müssen und dass man Geduld und Ausdauer braucht, aber auch, wie schnell Pferde lernen können und wie dankbar sie für unser zunehmendes Können sind. Oft liegen aber „Probleme" nicht beim Pferd, sondern beim Menschen.

Da wir ja Menschen und Pferde unterrichten, ist es für uns sinnvoll, dass wir die Menschen, die mit Pferden zu tun haben, zu besseren „Pferdemenschen" erziehen. Sie haben ja den Einfluss, wie sie später mit ihrem eigenen Pferd umgehen. Und das kommt logischerweise wiederum eben diesem Pferd zugute. Insofern sehen wir unsere Menschenarbeit auch als direkte Pferdearbeit.

Jeder Schüler kann lernen, wie Pferdeausbildung funktioniert.

Platz für zwei auf dem Podest!

Was für ein Unterricht!

Unterteilt man den Unterricht in verschiedene Schwerpunkte, ist das für Menschen und Pferde abwechslungsreicher, hält aufmerksamer, ist weniger einseitig belastend und macht auch viel mehr Spaß!

So können die Schüler unter Aufsicht gegenseitig eine Sattelkontrolle durchführen und auch einen Check, ob das Zaumzeug sitzt. Dann können erste Führübungen gemacht werden, die vielleicht durch das Aufbauen von Stangen, Pylonen oder anderem Spielzeug noch anspruchsvoller werden. Dann können die Basisübungen, um die es im folgenden Kapitel geht, abgefragt oder gezeigt und erklärt werden. Vielleicht ist der Lehrer kreativ und macht ein Quiz daraus?

Sind die Pferde und zweibeinigen Schüler nun wach und aufmerksam, kommt der Übergang in den Sattel. Die gerittenen Schwerpunkte können gern die Fortsetzung der Themen am Boden sein. So ist der Sinn der Bodenübungen noch besser erklärbar und auch sicht- und spürbar für die Reiter.

Vielleicht wird das Trockenreiten mit einem Schnurhalfter und einem Seil statt mit dem Zaumzeug durchgeführt. Oder die Schüler machen ein Cool Down mit spielerischen Bodenübungen am langen Seil statt einfach trocken zu reiten ...

Das Versorgen der Pferde nach dem Reiten gehört natürlich dazu. Das Führen aus der Halle oder vom Platz darf vom Lehrer gerne überwacht und angeleitet werden. Diese Alltagssituationen sind nochmals eine schöne Möglichkeit, die Wahrnehmung für Pferd und Umgebung zu schulen.

„Mangelhaft" in Pferdeerziehung

So unpopulär es also auch klingen mag, bei den vierbeinigen Schülern wird zu wenig Sorgfalt auf die Grunderziehung und Grundausbildung, eben das Fundament, gelegt. Gründe gibt es vermutlich viele, aber Entschuldigungen eigentlich keine. Zumindest nicht, wenn wir die Sache aus der Sicht des

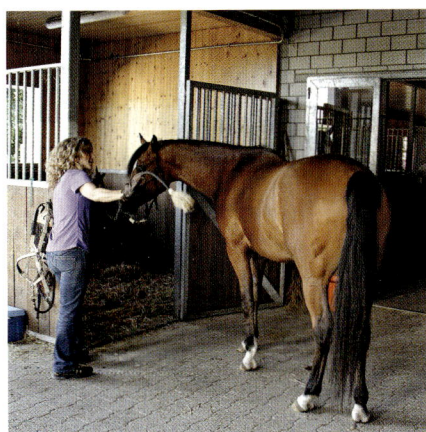

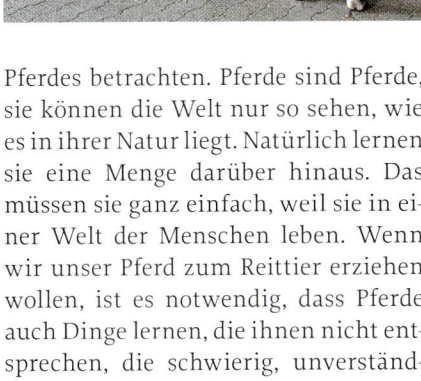

Pferdes betrachten. Pferde sind Pferde, sie können die Welt nur so sehen, wie es in ihrer Natur liegt. Natürlich lernen sie eine Menge darüber hinaus. Das müssen sie ganz einfach, weil sie in einer Welt der Menschen leben. Wenn wir unser Pferd zum Reittier erziehen wollen, ist es notwendig, dass Pferde auch Dinge lernen, die ihnen nicht entsprechen, die schwierig, unverständlich erscheinen oder zuerst sogar erschreckend sind.

Gerade aber diese Tatsachen sollten wir als Menschen immer vor Augen haben. Da spielt es auch keine Rolle, lieber Leser, wenn Sie sagen: „Ja, aber bin ja kein Pferdetrainer! Ich trainiere das Pferd ja gar nicht!"

Wenn wir Pferde dazu bringen wollen, dass sie kooperieren, wenn sie sich auch mit Themen auseinandersetzen müssen, die sie von Natur aus eher meiden würden, dann sollten wir versuchen, diese Lernprozesse so leicht und einfach wie möglich zu gestalten.

Es gibt keine „Standardprogramme" für junge Pferde. Es gibt auch keine Standardprogramme für irgendein anderes Pferd. Das wäre schön, einfach und lukrativ. Dann würde jedes Pferd vorhersagbar programmiert ausgebil-

det werden und der „User" könnte es nach der entsprechenden „Wartungszeit" abholen und danach ein funktionierendes Pferd sein Eigen nennen. Wir könnten als Ausbilder einen ganz anderen Businessplan machen.

Genau das wird auch gemacht, aber mit wechselndem Erfolg. Statt Standardprogramm benötigt jedes Pferd ein Individualprogramm. Pferde sind als Lebewesen unglaublich individuell, sie haben eine Persönlichkeit wie wir. Wollen wir also nicht nur dem körperlichen Funktionieren einen hohen Stellenwert einräumen, sondern der ganzen „Pferdepersönlichkeit" gerecht werden, müssen wir uns auch mit dem mentalen „Kram" auseinandersetzen. Dieser beeinflusst das gesamte Lernen gewaltig, da er ein Teil davon ist.

Hinein- oder Hinausführen aus dem Stall sind tägliche Übungen, die kein Problem darstellen sollten.

Info | Der Lehrer!

Jeder Mensch, der mit einem Pferd zu tun hat, ob am Boden oder im Sattel, ist in irgendeiner Form ein Lehrer – ob wir es wollen oder nicht und ob wir es merken oder nicht! Das Pferd richtet sich nach dem, der in sein Umfeld tritt, und handelt entsprechend.

So viel Druck!

Wieso aber ist das Fundament, das Anfangstraining, oft nicht tragfähig? Ist es ein Mangel an Wissen, ist es unsere Trägheit oder Gleichgültigkeit? Oder fehlt es uns an Einfühlungsvermögen, an der Geschicklichkeit des Pädagogen? Oder sind wir so arrogant, dass es uns unwichtig erscheint, wie unser Schüler lernt, weil wir unsere eigene Vorstellung der Welt durchsetzen wollen? Vielleicht.

Andere Gründe für einen Mangel in der Basisarbeit sind leider oft Zeitdruck, Leistungsdruck, Wettbewerbsdruck, Gruppendruck, traditioneller Druck („Wir haben das schon immer so gemacht!").

Lieber Leser, Gründe gibt es viele, aber wir sind nicht sicher, ob das in den Augen der Pferde zählt. Wenn wir ihnen etwas zumuten, müssen wir auch die Verantwortung dafür übernehmen. Ob er das tun will oder kann, muss sich jeder Mensch selber beantworten.

Mit diesem Buch möchten wir aber nicht einfach nur Kritik üben, sondern eine Sammlung von Ideen anbieten, die dem einen oder anderen Pferdemenschen helfen kann, eine stabile Grundlage des Pferdetrainings zu legen. Die Bausteine sind weder neu noch spektakulär, aber sehr wirkungsvoll.

Es ist altes Wissen, Erfahrungen und Beobachtungen von vielen Pferdemenschen. Die einzelnen Übungen sind in verschiedenen Stilrichtungen des Pferdetrainings bekannt und populär. Wir beschreiben sie hier so, wie wir sie selber einsetzen und auch unterrichten. Wir bemühen uns laufend, sie zu optimieren und auch neu dazuzulernen. Betrachtet man komplexere Bewegungsabläufe oder alltägliche Bewegungsmuster, sind darin alle diese kleinen Bausteine enthalten.

Natürliche Bewegungsmuster

Die Basis, von der wir ausgehen, ist immer das Bewegungsmuster des Pferdes, zum Beispiel vorwärts. Von diesem Grundmuster ausgehend kann man sich auch selbst Gedanken machen, was man damit alles machen kann oder wo in den Aufgaben für die Pferde die Vorwärtsbewegung enthalten ist. Manchmal ist sie auch versteckt, aber bei genauer Betrachtung kann man sie entdecken.

Es sind alles Dinge, die für Pferde in der Grundform einfach sind. In komplexerer Form stellen sie höheren Anspruch an Balance, Koordination, Geschmeidigkeit und Kraft.

Die Basisübungen sind vom Bewegungsablauf nicht schwierig für das Pferd. Es sind Bewegungen, die es auch in der Natur macht. Dahinter steckt aber viel mehr: Es geht ja nicht einfach nur um die Bewegung, sondern darum, dass es diese Bewegung genau dann ausführt, wenn wir danach fragen. Das Pferd muss also lernen, auf unsere Aufforderung zu hören, sie zu verstehen und sie willig zu befolgen. Da geht es um den mentalen Führungsanspruch.

Weiter geht es nicht nur darum, die geforderte Aufgabe irgendwie zu lösen, sondern sie „qualitativ hochwertig" auszuführen.

Das bedeutet, dass das Pferd innerhalb von ein bis drei Sekunden reagieren soll, es soll auf ein Minimum an

---

Info | **Qualität**

> Als Gradmesser für unseren Trainingsstand ist für uns die Qualität einer Aktion des Pferdes wichtig:
> Kurze Reaktionszeit (1 bis 3 Sekunden)
> Minimum an Hilfen
> Entspanntes, williges Pferd

Druck oder anderer Energie reagieren und es soll auch mental wie physisch weich und entspannt bleiben.

Die Kunst der kleinen Schritte

Zu Beginn des Trainings spielt es für uns keine Rolle, ob das „Resultat" schon erreicht wurde. Oft genug fehlt uns Menschen nämlich bereits hier die Klarheit: Wir müssen eine klare Vorstellung davon haben, wie unser Resultat am Ende aussehen soll. Wenn das Pferd seitwärts treten soll, wie genau soll es das machen: auf welche Seite, einen Schritt, mehrere Schritte, in welcher Gangart, wann soll es sich wieder geraderichten etc.?

Auch hier greift als Prinzip wieder die „Kunst der kleinen Schritte". Wenn wir eine Vorstellung haben, was wir genau wollen, auf welches Ziel wir hinar-

beiten, dann spielt es keine Rolle, wie viele Lernschritte unternommen werden, um dahin zu gelangen.

Beinahe eine Erfolgsgarantie bietet das konsequente Vorgehen in kleinen Schritten. Beginnen wir „mikroskopisch klein", dann können wir kontinuierlich unsere Anforderungen steigern.

Weil wir immer in kleinen Schritten arbeiten, sind weniger Lücken und Mängel da, die bei zu großen Lernschritten eben übersprungen wurden. Wir können auch manchmal durchaus mehrere Lernschritte in einer Trainingseinheit erleben, wenn das Pferd gut lernt, sich gut konzentrieren kann und dabei locker bleibt. Das sind mehrere kleine Teilerfolge, die uns auch motivieren und Pferd und Reiter auch das Weiterkommen aufzeigen.

Schon eine Gewichtsverlagerung des Pferdes ist ein erster Schritt.

Wir sind mittendrin im Training!

Fehler gehören dazu

Wie bei allen Dingen im Leben ist es aber auch normal, dass wir tolle Ideen haben, motiviert sind und trotzdem nicht weiterkommen. Oder dass wir bei allem Überlegen und konsequentem Vorgehen Fehler machen. Vielleicht geht es dabei darum, dass wir lernen sollen, wie wir mit Fehlern oder Misserfolgen umgehen.

Je nach Persönlichkeit und Charakter reagieren wir unterschiedlich: Die einen ärgern sich, die anderen suchen Begründungen oder Entschuldigungen (oder Schuldige!) für den Fehler, wieder andere sind überrascht oder frustriert oder verzweifelt oder erschrocken oder demotiviert.

Es ist aber normal, dass wir alle in irgendeiner Form emotional aus der Balance geraten, wir sind „außer uns". Gleichgewichtsverlust aber ist eine der Urängste der Pferde: Wer Balance verliert, der verliert möglicherweise das

Leben. Ein gestürztes Pferd wird von Raubtieren gefressen.

Die Balance zu verlieren, innen oder außen, das ist für Pferde ein Sicherheitsrisiko. Sie werden uns kaum vertrauen oder uns ernst nehmen, wenn wir aus dem Gleichgewicht geraten sind.

Lächeln hilft

Fehler sind für uns tolle Möglichkeiten, die den Unterricht bereichern oder auch unser eigenes Training vorantreiben. So können wir lernen, über ein Missgeschick zu lachen, Dampf abzu-

> **Info** Fehler als Chance
>
> Fehler sind eigentlich maskierte Lernhelfer: Gewöhnen Sie sich an, immer wenn Sie einen „Fehler" gemacht haben, kurz innezuhalten und sich zu fragen, was genau Sie lernen können.

lassen und mit neuem Mut und Konzentration noch mal ans Werk zu gehen. Lachen mindert Spannung und holt uns auf den Erdboden zurück. Wenn wir Lachen oder Lächeln, ist es viel schwerer, sich zu ärgern.

Wir können durch das Ertragen von Missgeschicken lernen, unser Unterbewusstsein zu beobachten: Was macht es mit mir, wenn mir ein Fehler unterläuft? Was sind meine emotionalen Muster oder Fallen? Wie kann ich, wenn ich sie frühzeitig erkenne, vielleicht gegensteuern? Vielleicht unterstützt mich jemand dabei?

Auch noch Psychologie!

Emotional ausbalanciert zu bleiben oder das Gleichgewicht immer schneller wiederzufinden, ist eine Lebensschulung.

Wir brauchen sie in hohem Maße beim Zusammensein mit Pferden. Für Pferde ist diese Fähigkeit bedeutend, wenn sie mit uns zusammenarbeiten sollen. Sie signalisiert unsere Stabilität, innerlich und äußerlich. Diese wiederum ist in höchstem Maße vertrauensbildend, vermittelt Sicherheit und lässt auch Ruhe einkehren.

Uns selber in umfassendem Maß persönlich zu entwickeln und zu schulen, ist manchmal mühsam und anstrengend. Da wir hauptberuflich mit Pferden umgehen, ist es für uns aber ein wichtiges Werkzeug. Wir setzen mentale Prozesse ganz bewusst zum Training ein: Die Wirkung, auch bei einem hochsensiblen oder misstrauischen Pferd schneller mehr Ruhe und Gelassenheit zu schaffen, ist klar zu sehen und fördert den Lernprozess.

Hier findet der Kontakt zum Pferd bereits auf einer verfeinerten Ebene statt!

Bevor wir mit der Liste der konkreten Übungen beginnen, möchten wir am Anfang dieses Abschnitts ein paar grundlegende Prinzipien erläutern. Die Grundlagen sind wie Schlüssel. Wenn ein Schlüssel im Schrank hängt, hilft er nicht, eine verschlossene Türe zu öffnen. Sie brauchen also den passenden Schlüssel stets griffbereit – am besten tragen Sie ihn bei sich.

Schildert uns ein Schüler ein Problem mit seinem Pferd, dann kommt nicht selten die Bitte: „Kannst du mir da eine Übung zeigen?" Unsere Antwort lautet in der Regel: „Nein! Aber wir können uns das Problem einmal zusammen ansehen!"

Übungen sind weder fix und fertige Problemlöser noch Allheilmittel. Eine bestimmte Übung hat einen bestimmten Zweck. Wenn wir den kennen, können wir vielleicht herausfinden, ob er zu unserem Problem passt. Dazu müssen wir aber zuerst das Problem etwas genauer anschauen, auch dieses hat einen bestimmten Sinn.

Machen wir irgendeine Übung einfach so, ohne ihren Sinn zu kennen oder zu verstehen, dann ist die Erfolgsquote beim Lösen eines Problems sehr gering.

Manchmal machen wir aus lauter Hilflosigkeit lieber irgendwas, als untätig herumzusitzen.

Es ist immer sinnvoller, herauszufinden, worin die Problematik bestehen könnte. Dann können wir unsere Übungen auch gezielt einsetzen. Gerade die Basisübungen in diesem Buch haben wir so aufgeteilt, dass sie einen zentralen Inhalt haben: Übungen, die mit dem Thema „vorwärts bewegen" zu tun haben, andere, die das „Nachgeben im Genick" behandeln usw.

Wenn wir ein Problem näher analysieren wollen, dann arbeiten wir gerne mit dem Durchchecken der Basisübungen. Das bedeutet, wir fragen die Übungen ab und erkennen womöglich aus der Art der Reaktion, in welche Richtung das Problem gehen könnte.

Die Art, wie das Pferd die Übung meistert, legt also meist schon ein Thema offen: Nicht die Übung selber ist das Problem, sondern die Anforderung, die hinter der Übung steckt.

Trainings-Guide

Energie-Steigerung

Beginnen Sie immer auf der Stufe Null. Sie können jederzeit steigern, aber wenn Sie gleich mit der Tür ins Haus fallen, reagieren die meisten Pferde (auch die, die Sie für unsensibel halten!) nicht wie gewünscht. Steigern Sie um das Gewicht eines Fingers in einer Zeitfrequenz von zwei bis drei Sekunden. Zum Steigern der Energie gehört immer auch das sofortige Aufhören, sobald das Erwünschte erreicht ist.

Spielen

Gestalten Sie Ihr Training bewusst immer wieder überraschend und auflockernd, indem Sie vielleicht einen Teil der Lektion spielerisch angehen: Joggen Sie mit Ihrem Pferd, tollen Sie herum, bringen Sie ihm das Ballspielen bei (große Gymnastikbälle sind bei verspielten Pferden sehr beliebt!) oder legen Sie eine intensive Kratzpause ein. Suchen Sie gezielt nach Dingen, die Ihr Pferd gerne tut.

Wieder zurück

Seien Sie bereit, ein oder auch zwei Schrittchen zurückzugehen, wenn Sie merken, dass es zäh wird oder gar nicht klappt. Oft ist dies ein Zeichen, dass Sie zu schnell für das Pferd vorgegangen sind oder zumindest einen Lernschritt zu weit.

Kleine Resultate

Seien Sie zu Beginn mit winzigen Resultaten zufrieden, auch wenn die Übung noch nicht perfekt ausgeführt wird. Jeder Ansatz in die gewünschte Richtung muss sofort belohnt werden! So kann das Pferd verstehen, dass es in die gewünschte Richtung gedacht hat.

Location

Wählen Sie den Arbeitsort für Ihr Training bewusst. Üben Sie da, wo Ihr Pferd sich wohlfühlt und sich entspannen und zuhören kann. Das kann auch auf demselben Platz oder innerhalb der Reithalle sein: Vielleicht hilft es, wenn Sie in der andern Ecke des Platzes arbeiten. Wenn Ihr Pferd mehr kann, dann können Sie auch an einer „schwierigen" Stelle arbeiten. Achten Sie aber immer auf größtmögliche Sicherheit für sich und Ihr Pferd.

Kleine Schritte

Arbeiten Sie in kleinen Arbeitsschritten: Jedes Miniresultat ist ein kleiner Schritt. So kommen Sie stetig weiter.
Wenn Sie bereit sind, Ihre Arbeitsschritte beliebig klein zu machen, können Sie auch eine größere Aufgabe jederzeit zerlegen. Das Vorgehen in kleinen Aufgabenteilen ist die beste Garantie für Erfolg.

Einfach nichts tun

Wenn wir ein Thema verbessern oder ein Problem lösen wollen, dann arbeiten wir daran meist mit viel Aktivismus. Manchmal verrennt man sich dabei und kommt nicht weiter. Dann kann es helfen, einfach nichts zu tun. Nicht selten erleben wir, dass sich Probleme auflösen, indem wir uns nicht darin verbeißen, sondern sie einfach sein lassen.

So wenig wie möglich ...

... aber so viel wie nötig!
Feilen Sie an der Dosierung: Wenn Sie zu viel machen, funktioniert die Sache meist nicht, aber genauso wenig, wenn Sie zu wenig tun. Wenn Sie bei zwei Versuchen feststellen, dass es einmal zu viel und einmal zu wenig war, dann finden Sie meist beim dritten Versuch die goldene Mitte! Geben Sie nicht zu früh auf!

Vorschläge annehmen

Es gibt Pferde, die sich schneller als andere bei unseren Trainingsvorschlägen langweilen. Sie neigen dann gerne dazu, „Unsinn" zu machen und wirken scheinbar ungehorsam und dreist. Oder es gibt übermotivierte Pferde, die sich vor lauter Aktivität nicht konzentrieren können. Schauen Sie bei solchen Kandidaten genauer hin, merken Sie sich, was ihnen Spaß macht und wo sie sich besser konzentrieren. Dann können Sie ruhig auch mal „Vorschläge" Ihres Pferdes als Trainingsidee aufnehmen und umsetzen.

Beide Seiten

Fragen Sie immer beide Seiten ab. So lernt das Pferd zunehmend, seine beiden Gehirnhälften besser zu vernetzen und „gleichseitiger" (und damit geradegerichteter) zu werden. Und Sie übrigens auch!

„Komische" Zeichen

Werten Sie unerwünschtes oder „komisches" Verhalten des Pferdes als Alarmzeichen. Wenn Ihr Pferd plötzlich sehr träge oder schnell wird, es mit dem Kopf schlägt oder nach unten zieht, zu drängeln oder zu zwicken beginnt, es plötzlich an Stellen, die nie ein Problem waren, scheut, dann hat das immer eine Ursache. „Notieren" Sie sich solche Dinge im Hinterkopf und beobachten Sie, ob sich das Verhalten wiederholt oder häuft. Versuchen Sie herauszufinden, wo und wann solche Zeichen genau beginnen. Hinterfragen Sie Dauer, Ort und Inhalt Ihres Trainings. Ihr Pferd hat immer einen Grund für sein Verhalten.

Wecker stellen

Unser Zeitgefühl ist oft ungeschult. Vor lauter Konzentration beim Tun und Ausprobieren vergessen wir, auf die Zeit zu achten. Fast immer arbeiten wir versehentlich zu lange. Wenn unser Pferd immer zäher mitmacht, wundern wir uns, weshalb. Ein Blick auf die Uhr zeigt dann häufig, dass wir längst über die Konzentrationsspanne von Mensch und Tier hinausgearbeitet haben. Helfen Sie sich ruhig mit einem Zeitmesser wie Handy oder Stoppuhr. Eine intensive Trainingssequenz sollte 20 bis 30 Minuten nicht wesentlich überschreiten.

Lieber öfter

Viele Studien aus Sport und Trainingslehre ergeben, dass die besten und nachhaltigsten Resultate durch das bewusste Einsetzen von Dauer und Häufigkeit der einzelnen Lektionen erfolgen: Lieber oft trainieren, dafür aber nur kurz. Viele kurze Sequenzen mit einer hohen Intensität bringen mehr als stundenlanges, lauwarmes Herumdümpeln einmal pro Woche.

Berührung

Wir Menschen haben häufig die Tendenz, mit der Tür ins Haus zu fallen. Wenn man sagt, jetzt geht es los, dann ist sofort wilde Aktivität zu beobachten: Es wird gezogen und geschoben, getrieben und getrabt. Beobachten Sie sich selbst: Wie beginnen Sie eine Trainingslektion? Und wo beginnen Sie damit?

Denken Sie daran: Training findet immer statt – auch ohne, dass Sie es mitbekommen oder geplant haben! Sie können nicht NICHT trainieren. Bewegen Sie sich bewusst und machen Sie sich Gedanken, was Sie tun wollen, bevor Sie bei Ihrem Pferd sind.

Beginnen Sie mit der bewussten Berührung des Pferdekörpers. Angenehmes Streicheln und Abstreichen des

Pferdekörpers bringen Ruhe in die Situation. Sie müssen sich konzentrieren und haben trotzdem selber etwas Zeit, sich aufs Pferd einzulassen und anzukommen.

Vertrauen gewinnen

So können Sie das Pferd langsam und auf freundliche Weise an Ihre Berührung und die Nähe Ihres Körpers gewöhnen. Als Fluchttier muss das Pferd sich erst davon überzeugen, dass diese Nähe nicht gefährlich ist. Manche Pferde sind sehr vorsichtig und misstrauisch, geben Sie ihnen so viel Zeit wie nötig, um sich zu entspannen. Seien Sie kurzfristig auch bereit, sich zurückzuziehen, quasi als Atempause, bevor Sie sich wieder annähern.

Systematische Berührung ist also vertrauensbildend und eine wesentli-

Arbeiten Sie in Ruhe, mit kleinen Bewegungen und mit einer positiven inneren Einstellung. Dann wird Ihnen das Pferd oft Geschenke machen!

che Grundlage für eine harmonische Beziehung. Berührung an jeder Stelle des Pferdekörpers schafft aber auch klare Verhältnisse: Sie beziehen Position als derjenige, der bestimmt. Sie beanspruchen das Recht, über Nähe und Distanz zu bestimmen. Akzeptiert Ihr Pferd das Berühren an jeder Stelle seines Körpers, dann respektiert es damit auch ein Stück weit Ihre Position.

Es gibt noch einen weiteren, ziemlich banalen Grund, weshalb wir in der Lage sein sollten, das Pferd überall zu berühren. Wir sollten auch bei Verletzungen, Krankheit oder therapeutischen Maßnahmen das Pferd versorgen können. Ebenso spielt auch die Körperpflege und Hygiene eine Rolle, die kein Problem darstellen sollte, weder für das Pferd noch für den Reiter. Und nicht zuletzt geht es wieder einmal um die umfassende Vorbereitung des Pferdes auf seine Aufgabe als Reittier. Zwangsläufig werden wir mit Halfter, Sattel und Zaumzeug den Pferdekörper berühren und ein Stück weit auch eingrenzen.

Dieser Prozess muss gut und sorgfältig vorbereitet werden. Wird hier zu schnell oder sogar kaum geübt, dann zeigt das Pferd das auch später mit großer Wahrscheinlichkeit durch Sattel- oder Gurtzwang und/oder Widersetzlichkeiten beim Zäumen o. Ä. Wenn es aber schon schwierig ist, dass wir unser Pferd im normalen Alltag anfassen dürfen, dann wird es im Falle einer Verletzung, bei Schmerzen und der damit verbundenen Stresssituation vermutlich beinahe unmöglich.

Beginnen Sie also im Kleinen. Lernen Sie streicheln.

So geht es

Wir machen diese Sensibilisierungsübungen gerne an einem ruhigen Ort. Auch dies trägt natürlich dazu bei, dass sich das Pferd leichter entspannen kann. Binden Sie es dazu nicht an: legen Sie sich das Seil locker über die Ellenbeuge, dann haben Sie beide Hände frei zum Streicheln.

Es ist gar nicht so einfach, gut zu streicheln: Atmen Sie entspannt, legen Sie beide Hände ans Pferd und beginnen Sie mit ruhigen Strichen mit der Fellrichtung zu streicheln. Üben Sie mäßigen Druck aus. Sehr zaghaftes Streicheln oder energisches Abstreichen haben wieder eine andere Qualität. Achten Sie nur darauf, wo Ihre Hände gerade sind und wie die Berührung beim Pferd ankommt.

Sie können an einer neutralen Stelle, zum Beispiel an der Schulter beginnen, und empfindliche Stellen wie Gesicht und Ohren für den Schluss aufsparen. Arbeiten Sie über den ganzen Körper, auch an den Beinen hinab bis zu den Hufen. Machen Sie es dem Pferd leicht, Vertrauen zu Ihren Händen zu fassen.

Gibt es Körperstellen, an denen Ihr Pferd Ihre Hände gar nicht haben will? Wie fühlt sich der Pferdekörper an? Lernen Sie Ihr Pferd mit den Händen kennen: Wo mag es Ihre Berührung, wo wird es unruhig?

Sensibilisieren Sie dabei auch bewusst Ihre Hände: Sie sind schließlich auch beim Reiten später die direkteste (und leider oft unsensibelste!) Verbindung zum Pferd. Versuchen Sie die Verschiedenartigkeit des Pferdekörpers zu spüren: weich, gespannt, harte Knochenvorsprünge, sehnige Strukturen. Auch die Fellbeschaffenheit ist unterschiedlich, genauso werden Ihnen Temperaturunterschiede auffallen. Diese verraten Ihnen vielleicht eine überlastete Zone des Pferdekörpers, die Ihnen mit bloßem Auge gar nicht aufgefallen wäre.

Diese Übung darf gerne auch mit der bloßen Hand gemacht werden, so verbessern Sie Ihre eigene Wahrnehmung über das bewusste Anfassen.

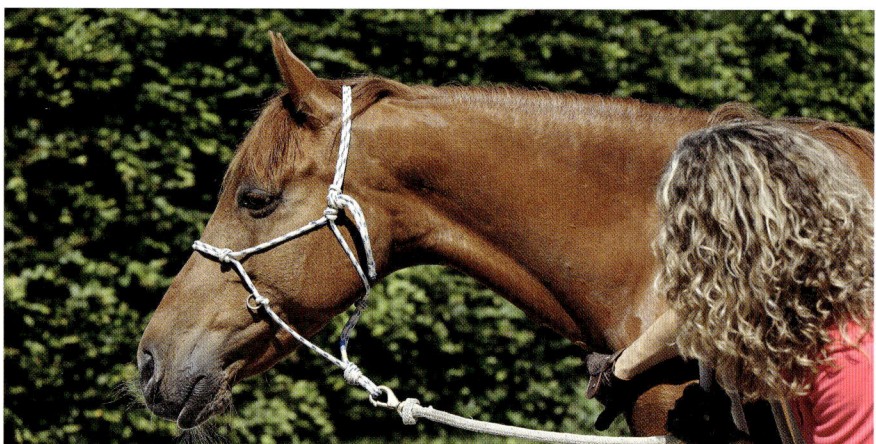

Legen Sie das Seil über den Ellbogen, dann haben Sie beide Hände frei zum Streicheln.

Tolerieren Sie zu Beginn ruhig auch, dass das Pferd das Gewicht verlagert oder sich anders hinstellt. Es bedeutet, dass es auf Ihre Art des Anfassens reagiert. Versuchen Sie sich zu merken, wie sich das Pferd bewegt hat. Hat es sich einfach anders hingestellt, ist aber entspannt geblieben, mit hängendem Schweif? Oder hat es den Kopf von Ihnen weggedreht, das Gewicht von Ihnen wegverlagert, oder hat es sich sogar ein Stück von Ihnen wegbewegt? Schon diese kleinen zufälligen Bewegungen sind eben keine zufälligen Reaktionen. Wenn Sie wach und aufmerksam Ihr Pferd wahrnehmen, dann werden Sie merken, dass Sie schon mitten im Dialog sind. Seien Sie sich im Klaren, dass Ihr Pferd auf Sie reagiert – so oder so. Sie sammeln Informationen, die Ihnen helfen, Ihr Pferd und sein Verhalten besser zu verstehen.

Zeigt das Pferd also eher Reaktionen der Entspannung, sind Sie auf dem gewünschten Weg. Versucht das Pferd aber, sich dauernd Ihren Händen zu entziehen, dann hat es einen Grund dazu.

Werden Sie nie müde, nach einem Grund für das Verhalten des Pferdes zu suchen. Grund Nummer eins können Sie bei jedem Problem überprüfen: WIR haben dem Pferd Grund gegeben, das zu tun, was es tut. Möglicherweise haben WIR dem Pferd einen Grund gegeben, das zu tun, was es tut.

Achten Sie nochmals genau auf die Art und Weise, wie Sie streicheln: langsam oder schnell, druckvoll oder zaghaft, mit der ganzen Hand oder mit den Fingerspitzen? Atmen Sie dabei entspannt oder gepresst, wie ist Ihre Körperspannung, Ihre Körperhaltung, in welchem Winkel stehen Sie zum Pferd etc.?

Sind Sie nicht sicher, dann verändern Sie einfach bewusst Ihre Bewe-

gungsmuster. Probieren Sie aus und finden Sie vielleicht erst nach ein wenig Suchen überhaupt heraus, was Ihr Pferd angenehm findet. Rückmeldung bekommen Sie sofort.

Im Thema Berühren steckt das An-sich-Heranlassen, das Zu-nahe-Treten. Aus der Sicht des Fluchttiers ist das nicht selbstverständlich. Wir Menschen vergessen aber, dass genau das etwas ist, was wir sorgfältig üben müssen. Wir kommen nicht auf die Idee, dass unser „Streicheln" ein Problem sein könnte. Beobachten Sie sich also in Rücksprache mit Ihrem Pferd.

Auch bei so alltäglichen „Streicheleinheiten" wie dem Putzen ist das systematische Berühren enthalten. Ist das ein Problem, gehen Sie zurück zur Übung „Berühren".

Was tun, wenn es nicht funktioniert?

Das Pferd mag Berührungen an bestimmten Stellen gar nicht gern

Manche Pferde sind unsicher, wie sie auf Nähe und gar Berührungen an ihrem Körper reagieren sollen. Manche haben auch schlechte Erfahrungen damit gemacht und reagieren mit Unwillen, Abwehr oder Rückzug. Helfen Sie Ihrem Pferd dabei, solche Gefühle abzulegen. Arbeiten Sie mit besonders ruhigen, langsamen Bewegungen, sprechen Sie mit ruhiger Stimme und loben es für jedes kleine Resultat. Gleichzeitig hören Sie einen Moment mit dem Streicheln auf.

Beginnen Sie wieder langsam, atmen Sie entspannt und starten Sie an einer Stelle, die für das Pferd neutral ist oder an der es Ihre Berührung sogar mag. Streicheln Sie sich Millimeter für Millimeter weiter hin zu den Stellen, die ihm schwerer fallen. Dann streicheln Sie sich wieder auf „sicheren Boden" zurück. Und wandern wieder vorwärts. So hat das Pferd Zeit, sich an die Berührung zu gewöhnen und kann sich immer wieder entspannen, wenn Sie es an den Stellen kraulen, die es mag.

Vielleicht müssen Sie auch die Art, wie Sie streicheln, ändern: Probieren Sie es langsamer, deutlicher oder sogar mit leichten Klopfbewegungen.

Ziehen Sie sich deutlich zurück, wenn Ihr Pferd sich entspannt.

Das Pferd steht nicht still

Halten Sie das Pferd am losen Seil, am besten so, dass Sie beide Hände zum Streicheln frei haben, aber trotzdem, wenn nötig, am Seil korrigieren können.

Ihr Pferd muss zu Beginn nicht stockstill stehen. Wenn es sich aber mehr als ein bis zwei Schritte bewegt, korrigieren Sie es durch ein Zupfen am Seil. Versuchen Sie mit dem Streicheln nicht aufzuhören, wenn das Pferd sich bewegt. Hören Sie reflexartig auf, wird das vom Pferd möglicherweise als Bestätigung verstanden und es wird jedes Mal, wenn Sie nun streicheln, mit Herumlaufen reagieren. Das Herumlaufen kann bereits eine Form von Flucht oder Rückzug sein: Seien Sie zwar behutsam, aber zeigen Sie dem Pferd, dass es durch sein Bewegen der Übung nicht davonlaufen kann. Streicheln Sie so, dass es so angenehm und nicht bedrängend fürs Pferd ist, aber streicheln Sie weiter. Hält das Pferd für eine Sekunde inne, hören Sie sofort dramatisch auf und ziehen sich zurück. Loben Sie es. So wird das Pferd lernen, dass es Pause gibt, wenn es ruhig steht.

Das Pferd ist abgelenkt und achtet nicht auf mich

Viele Pferde hampeln auch herum, weil sie nicht aufpassen. Achten Sie bei dieser Übung darauf, dass sich das Pferd auf Sie konzentriert. Lässt es sich ablenken, sprechen Sie es an, zupfen leicht am Seil o. Ä. Das Pferd soll ja auch lernen, sich bewusst auf die „Streichelgeschichte" einzulassen. Wenn es dabei abschaltet oder abgelenkt bleibt, umgeht es damit den Zweck der Sache.

Auch das Angeln nach dem Seil ist für viele Pferde ein tolles Spiel. Es ist ebenso eine Möglichkeit, sich der gestellten Aufgabe zu entziehen. Verlangen Sie trotzdem kurz nach Aufmerksamkeit, holen Sie sich die Konzentration immer wieder kurz zurück, wenn das Pferd nicht von selbst auf Sie achtet.

Auch das steckt in den Basisübungen: Die Pferde lernen, immer wieder, vielleicht auch nur kurz, ihre Aufmerksamkeit auf den Menschen zu richten, wenn dieser danach fragt.

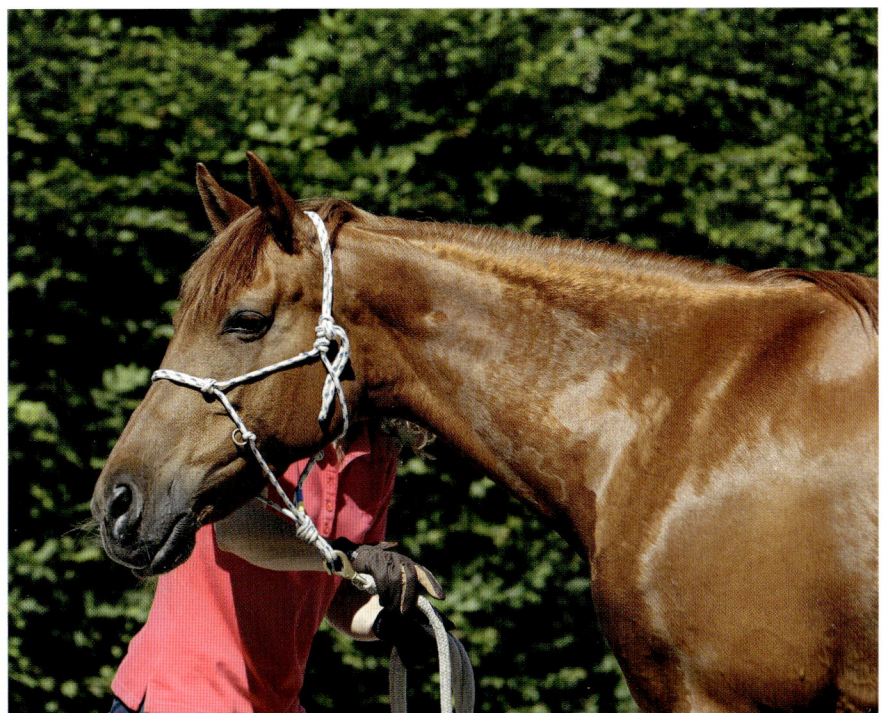

Lässt sich Ihr Pferd ablenken, so ist es Ihre Aufgabe, es wieder auf die Aufgabe zu konzentrieren.

Korrigieren Sie mit der Stimme, ein Zupfen am Halfter und sofortiges Belohnen, sobald Ihr Pferd reagiert.

Benutzen Sie Dinge, die Sie täglich brauchen, und berühren Sie damit das Pferd. Wenn Sie sich ruhig und entspannt dabei bewegen, lernt Ihr Pferd schnell, dass alles, was Sie tun, ungefährlich ist.

Von klein zu groß – machen Sie es dem Pferd leicht, höhere Anforderungen besser nachzuvollziehen.

Bagheero hat gelernt, dass auch in Bewegung vom baumelnden Seil keine Gefahr ausgeht.

Seilgewöhnung

Das Gewöhnen an das Seil ist eine Fortsetzung des Themas „Berührung". Dabei geht es ja auch darum, dass das Pferd das Berührtwerden als normal kennenlernt, es als ungefährlich abspeichern kann und sich somit daran gewöhnt.

Hat sich das Pferd an das Berühren mit der bloßen Hand gewöhnt, dann ist es sinnvoll, dass Sie das Pferd ebenso mit allen Hilfsmitteln vertraut machen, die zu seinem „normalen" Alltag

als Reittier oder zumindest als Hausgenossen des Menschen gehören. Das können Bürste und Striegel sein, ein kleines Tuch, die Satteldecke, Halfter, Seil, Gerte, Zaumzeug und Sattel.

Sie können ein Pferd niemals vorab an alle Dinge gewöhnen, die ihm in seinem Leben begegnen werden. Die Dinge des täglichen Lebens aber können Sie durchaus vorausschauend einplanen.

Wir wollen Pferde ja auch nicht übersensibilisieren, sondern sie sollen vielmehr lernen, dass alle Dinge und

Mit dem Seilknäuel kann man den Pferdekörper sanft abrubbeln.

Das Seil darf auch mal auf dem Rücken liegen bleiben oder zur anderen Seite herunterbaumeln – auch das soll das Pferd nicht aus der Ruhe bringen.

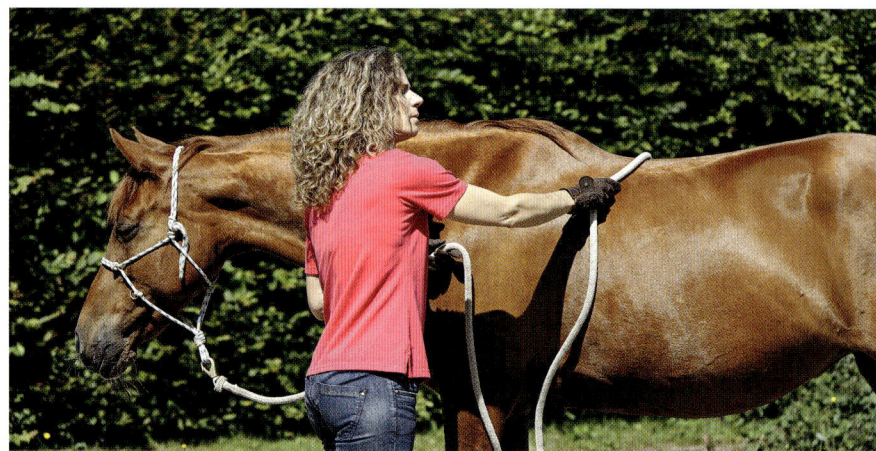

Situationen, mit denen es in Berührung kommt, ungefährlich sind.

Wir möchten das Pferd also nicht an bestimmte Dinge gewöhnen, sondern ihm allgemein helfen, auf Neues gelassen zu reagieren und neugierig zu sein. Dazu tragen Sie mit Ihrem eigenen Verhalten, das Sie bewusst einsetzen und auch kontrollieren können, entscheidend bei. Wenn das Pferd bei allem, was es tut, immer dazu angehalten wird, immer wieder auf uns zu achten, wird es sich Lösungsansätze für seine Probleme bei uns abholen. Auch das ist eine Form der Gewöhnung: Das Pferd ist es gewohnt, sich bei Schwierigkeiten jeglicher Art bei uns Rat zu holen. Unsere Kompetenz muss darin bestehen, dass wir ihm dann auch eine Antwort bereithalten.

Bleiben Sie also in neuen, ungewohnten Situationen locker, entspannt und vom positiven Fortgang der Geschichte überzeugt, wird es für das Pferd auch leichter, sich an etwas Ungewohntes heranzuwagen und sich der Konfrontation zu stellen. Es lernt so immer mehr, gelassen Neues zu wagen. Die Gewohnheit verändert die Grundhaltung.

Unser Seil in verschiedenen Formen sowie Gerten, Kontaktstöcke und Peitschen müssen dem Pferd aber völlig vertraut sein, da diese Gegenstände ja auch eine Verbindung von uns zum Pferd herstellen sollen.

So geht es

Lassen Sie das Seil wie zuvor am Halfter eingehängt. Rollen Sie das Seil zu einem kleinen Bündel zusammen und streicheln Sie ohne viel Aufhebens mit der gleichen Gestik wie zuvor beim „Berühren".

Achten Sie darauf, ob und wie Ihr Pferd auf den Unterschied reagiert. Seien Sie sich darüber im Klaren: Das Pferd bemerkt den Unterschied! Es hängt aber wiederum entscheidend von Ihnen ab, ob dieser Unterschied für das Pferd ein Problem ist oder nicht.

Benehmen Sie sich so, dass es kein Problem ist! Sie sind ja der Tonangeber in dieser Situation, also verhalten Sie sich souverän und selbstbewusst.

Wenn Ihr Pferd mit dem Seilstreicheln kein Problem hat, verändern Sie stückweise Ihre Requisiten: Machen Sie das Seilbündel etwas größer, lassen Sie ein kurzes Ende dabei herunterbaumeln, machen Sie die Streichelbewegung etwas dramatischer.

Klopfen Sie Ihr Pferd freundlich mit dem Seilbündel ab, tun Sie, als ob Sie „Staub wischen". Lassen Sie ein etwas längeres Seilende auf der anderen Seite des Pferdes herunterbaumeln, ziehen Sie es langsam zurück. Steigern Sie auch diese Manöver mit dem losen Seil, bis Sie das Seil über den Köper des Pferdes werfen können. Wenn Sie das freundlich und rhythmisch machen, ist es für das Pferd nicht so bedrohlich, weil es vorhersehbar abläuft.

Spazieren Sie mit Ihrem Pferd, während das Seil an seinem Körper herun-terbaumelt oder auf seinem Rücken liegt. Loben Sie Ihr Pferd, wenn es das ruhig mitmacht.

Probieren Sie aus, wie weit Sie mit Ihrer Gestik gehen können: von kleinen Bewegungen zu großen Gesten mit Schwung etc.

Vergessen Sie nicht die Pferdebeine: eine Schlange, die die Beine eines Pferdes berührt, ist im höchsten Maß bedrohlich. Ihre hausgemachte „Schlange" ist aber freundlich. Werfen Sie in lockerem Schwung das lose Seilende um die Vorderbeine des Pferdes und

Sogar das lockere, schwungvolle Über-den-Rücken-Werfen des Seils nimmt Fabiola ganz gelassen hin.

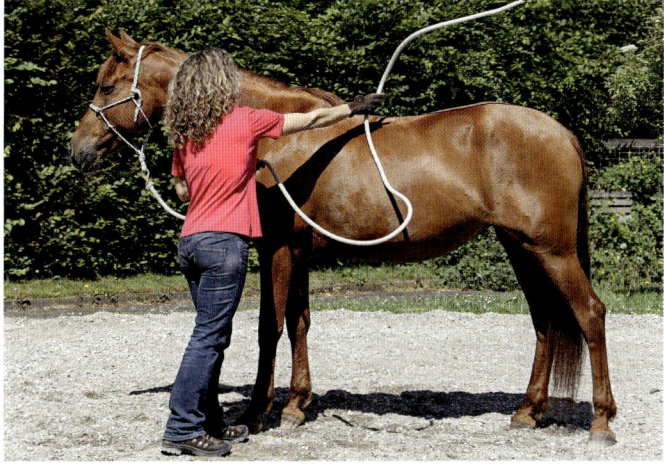

Lockeres Schwingen des Seils um die Vorderbeine.

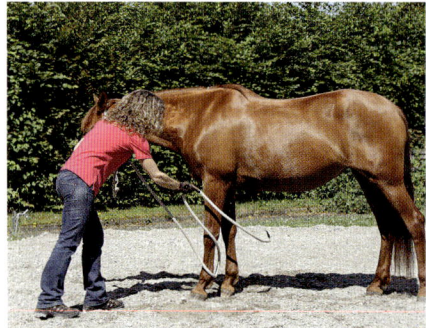
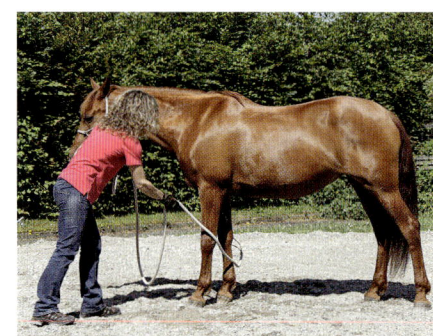

Das Seil rückt langsam in die unübersichtlichere Zone der Hinterhand vor.

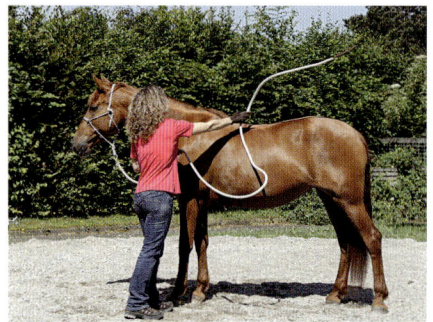
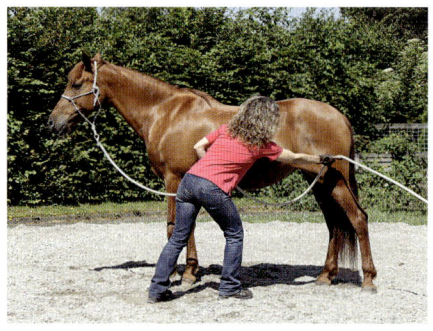

Mit dieser Vorbereitung sorgt auch ein Zweig, der im Gelände plötzlich an die Hinterbeine schnellt, nicht mehr für Stress.

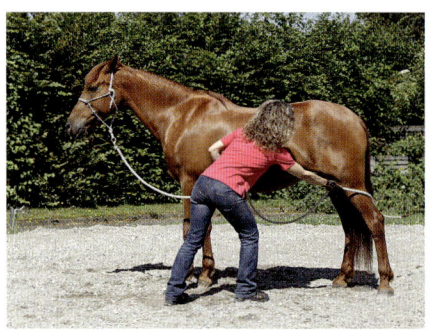

zu lösen Sie natürlich das Seil vom Halfter ...

Oder wenn Sie einen kleinen Propeller daraus machen. Denken Sie daran: vom Kleinen zum Großen ...

Oder vielleicht werden Sie zum Lassokünstler?! Aus eigener Erfahrung raten wir Ihnen: Üben Sie am Anfang neben Ihrem Pferd, aber nicht MIT Ihrem Pferd ...

ziehen Sie es langsam zurück. Bleibt das Pferd gelassen, machen Sie dasselbe mit den Hinterbeinen. Wir beginnen gerne vorne, da das Pferd oft besseren Überblick über seine vordere Körperhälfte hat.

Da hat auch Unsinn noch Sinn ...

Weitere Ideen im Zusammenhang mit dem Seil sind spielerischer Art: Ihr Pferd wird zu Beginn vermutlich staunen, wenn Sie locker Seilspringen! Da-

Info | Steigerung

Steigern Sie immer vom Einfachen zum Schwierigen. Für Pferde gilt: Klein ist einfacher als groß, langsam ist einfacher als schnell, wenig ist einfacher als viel, kurz ist einfacher als lang usw.

Vorwärts

Wir wollen nun verschiedene Einzelelemente erarbeiten. Diese Kleinteile sind wie Puzzleteile: Haben wir die kleinen Teile im Griff, können wir sie zu einem größeren Gesamtbild zusammenfügen, sie verbinden sich.

Analysieren wir die Bewegungen eines Pferdes, werden wir immer wieder mit Erstaunen bemerken, dass die komplexen Bewegungsabläufe aus immer wieder bekannten Einzelteilen bestehen, die wir hier kennenlernen.

Das ist für uns deshalb von solcher Bedeutung, da wir unser Training so gezielt verbessern können. Wenn unser Pferd Probleme mit einem Bewegungsablauf hat, können wir ihn in Einzelteile „zerlegen" und so leichter herausfinden, wo das Problem wirklich sitzt. Oder wir können das einzelne Element, das den gesamten Bewegungsablauf stört, besser üben.

Sitzen die Vorübungen, dann können Sie Ihr Pferd aus jeder Position dirigieren.

Vorwärts – aus der vorderen Position können Sie gut sehen, ob sich das Pferd leicht in Bewegung setzt oder nicht.

Nachgeben

Allen Puzzleteilen gemeinsam ist das große Thema des Nachgebens.

Nachgeben meint ein Weichwerden, ein Auflösen von vielleicht nur gedachtem Widerstand, ein Loslassen, ein mentales wie physisches Aufatmen und Entspannen. Es ist Verzicht auf Kampf und eine Bereitschaft zur Kooperation. Die Reihenfolge ist klar: Erfolgt ein mentales, gedankliches Nachgeben, dann kann auch der Körper loslassen. Eine Übung ist erst komplett, wenn sie mit beidseitigem Nachgeben endet.

Erreichen wir als Trainer das „Oberstübchen" nicht, dann machen wir uns keine großen Hoffnungen, dass sich der Körper zu Höchstleistungen bringen lässt.

Deshalb sei nochmals auf den Grundsatz verwiesen: Nehmen Sie es gelassen, wenn Ihr Pferd zu Anfang noch keine bühnenreifen Resultate in Perfektion bringt. Interessieren Sie sich vielmehr dafür, ob es die Lektion versteht, wach ist und in einer ausgeglichenen Gemütslage. Was im Kopf Ihres Pferdes abgeht, macht die körperliche Meisterleistung erst möglich. Gerne beginnen wir mit einem Puzzleteil, das möglichst einfach auszuführen ist für das Pferd: Es soll sich vorwärts bewegen. Einfach vielleicht deshalb, weil es für ein Lauftier natürlich ist.

So geht es

Stellen Sie sich ein bis zwei Meter vor das Pferd hin, das Seil liegt locker in Ihrer Hand. Nun fragen Sie das Pferd danach, sich in Ihre Richtung zu bewegen: geradlinig vorwärts. Das ist für viele Pferde auch deshalb einfach, weil sie den näheren Kontakt mit Menschen als etwas durchaus Positives erleben. Sie haben die Erfahrung gemacht, dass die Nähe angenehme Aspekte hat: ruhen, gestreichelt werden, vielleicht ein Leckerli ...

Vielleicht aber ist genau das ein Knackpunkt.

Wir wollen damit als Erstes die Bereitschaft des Pferdes feststellen, sich auf unser Kommando vorwärts zu bewegen. Alle diese Puzzleteile sind für das Pferd natürliche Bewegungen, ungewohnt aber kann sein, dass es diese auf Abruf ausführen soll.

Das bedeutet, es geht nicht nur um die Bewegung als solche, sondern noch mehr um die Willigkeit, die Bereitschaft des Pferdes, etwas zu tun, was wir fragen. Auch hier steht wieder die Idee dahinter, dass wir es dem Pferd so leicht wie nur möglich machen sollten, damit es gerne kooperiert. Umso höher wird die Qualität des ausgeführten Manövers sein.

Unsere Körperhaltung sollte einladend sein: entspannt, locker, in Gedanken können wir uns schon beinahe umdrehen, um loszugehen. Der Blick ruht weich auf dem Pferd. Hier ist oft die Angst verbreitet, dass man das Pferd nicht direkt ansehen dürfe. Je

nach Blick kann es bremsend wirken (als Warnsignal: „Komm nicht näher!"). Mit weichen Augen entspannt atmend darf man aber das Pferd durchaus beobachten, um zu sehen, ob es unserer Aufforderung auch Folge leistet.

Nun nehmen Sie Stück um Stück mehr Kontakt auf am Seil, um das Pferd lockend in Ihre Richtung zu bewegen. Lag zuerst das Seil auf Ihren offenen Handflächen, so schließen Sie alle 1 bis 2 Sekunden einen Finger mehr um das Seil, um den Druck langsam zu verstärken. Sie sollten darauf achten, dass sich

Belohnen Sie das Vorwärts oder sogar das Herkommen. Streicheln finden viele Pferde angenehm, Fabiola weicht hier der Hand leicht aus. Vielleicht bevorzugt sie etwas anderes?

Einladung zum Vorwärtsbewegen aus der Sicht des Pferdes.

der Druck langsam, aber stetig erhöht. Sobald sich das Pferd auch nur einen Millimeter in Ihre Richtung bewegt, lockern Sie sofort deutlich den Druck am Seil.

Die Betonung liegt auf „Millimeter" und „sofort". Bestätigen Sie bereits den Versuch des Pferdes.

Merken Sie es, lieber Leser? Wenn Sie unsere anderen Bücher schon kennen, wissen Sie, dass die Schlüssel zum Erfolg immer wieder in der Dosierung und dem perfekten Timing liegen, also wie viel wir von etwas machen und wann wir etwas machen oder nicht machen. Auch auf dieses Thema gehen wir noch genauer ein.

Häufig sehen wir Schüler, die ruckartig am Seil zupfen. Das kann funktionieren. Manchmal funktioniert es aber auch nicht und das Pferd gilt dann schnell als unsensibel.

Sinnvollerweise sind wir mit unseren Hilfen möglichst klar. Das Zupfen

am Seil gibt dem unerfahrenen Pferd oft keine klare Anweisung, in welche Richtung es sich genau bewegen soll. Auch entstehen in der Zupfbewegung immer wieder kleine „Lücken", in denen der Druck am Seil kurz aufhört. Wie wir wissen, ist ein Druckverringern für Pferde ein durchaus natürliches Signal: Es beendet das Manöver oder bestätigt das Ausgeführte. Haben wir also „Drucklücken" in der Vorwärtsbewegung, bestätigen wir immer wieder, obwohl die Vorwärtsbewegung vielleicht noch gar nicht erfolgt ist. Für das Pferd wird es so schwierig, die Übung gut zu machen, da es nicht genau weiß, was wir wollen.

Oder es gibt so Schlawiner von Pferden, die cool genug sind, um zu sagen: „Zupf du an deinem Seil, ich warte mal ab, ob noch was Überzeugenderes kommt!" Die kleine Drucklücke bestätigt diese Pferde darin, nichts zu tun …

Aufbau der Übung

Was nun Ihr Pferd genau machen soll oder wie weit es sich vorwärts bewegen soll, können Sie vielleicht aus diesem Vorschlag entnehmen:

> Bewegen der Brustmuskeln
> Gewichtsverlagerung auf die Vorderbeine
> Entlasten eines Fußes (mit Abheben der Hufspitze)
> Entlasten von zwei Füßen
> Ein Schritt (= alle vier Füße einmal bewegt)
> Zwei Schritte

Dieser Aufbau hilft Ihnen zu Beginn, wenn Sie nicht so recht wissen, wie Sie vorgehen sollen oder in welchen Schritten Sie steigern können.

Sie müssen aber selber entscheiden, wie viel Ihr Pferd machen soll. Nutzen Sie diese Chance, um das Treffen von

Entscheidungen zu üben. Überlegen Sie sich genau, was Sie wollen und geben Sie entsprechend klare Signale. Kleine Ziele erreichen Sie eher.

Bauen Sie auch Varianten ein. Lassen Sie einmal Ihr Pferd ganz zu Ihnen kommen, beim nächsten Mal bauen Sie einen Zwischenstopp ein, dann verändern Sie das Tempo, mal langsam, mal schneller usw. Sie sollten immer in der Lage sein, den Respektabstand Ihrer eigenen Komfortzone zu erhalten, das heißt, Ihr Pferd sollte nicht ungefragt Körperkontakt herstellen. Spielen Sie mit dem Thema Vorwärts. Beschreibungen von Varianten finden Sie auf Seite 68.

Was tun, wenn es nicht funktioniert?
Das Pferd gibt der Aufforderung am Seil nicht nach
Stellen Sie sicher, dass Ihr Pferd aufpasst. Wenn es wegschaut, bekommt es vielleicht die Aufforderung nicht mit, weil es abgelenkt ist. Richten Sie am Seil den Pferdekopf in Ihre Richtung, sprechen Sie es an. Beginnen Sie mit der Energiesteigerung, atmen Sie entspannt. Haben Sie den Nerv zu warten, auch wenn Sie schon mit mehr Kraft ziehen.

Formen Sie den Gedanken im Kopf, dass das Pferd irgendwann kommen wird, völlig unwichtig, wann oder wie schnell.

Lächeln Sie und warten Sie erfreut darauf. Beim allerkleinsten Ansatz von „vielleicht" lassen Sie locker und loben Ihr Pferd. Bleiben Sie aber stehen, wo Sie sind.

Das Pferd bewegt den Kopf nach oben/ seitwärts etc.
Viele Pferde probieren mal aus, was denn so geht. Sie loten ihre Möglichkeiten aus, ob sie wirklich genau das tun

müssen, was Sie ihnen sagen. Und damit testen sie natürlich Ihre Fähigkeiten der Kommunikation und der konsequenten Führung etc.
Rufen Sie auch hier das Pferd zur Ordnung und fragen in dem vielleicht winzigen Moment, in dem das Pferd gerade ansprechbar ist, erneut nach dem Vorwärts.

Das Pferd wartet nicht mit dem Losgehen
Diese Situation trifft man oft bei sehr menschenbezogenen Pferden. Wir können uns kaum von ihnen lösen für die Ausgangsposition und sie folgen uns schon. Überprüfen Sie nochmals: Arbeiten Sie sonst vielleicht mit Leckerlis in der Tasche? Dann müssen Sie dem Pferd jetzt spätestens beibringen, dass es nicht nach den Leckerbissen drängen oder betteln darf.

Wenn das kein Grund ist, dann achten Sie auf die Art, wie Sie sich bewegen. Gehen Sie nicht gedankenlos vom Pferd weg, um sich in Position zu bringen. Wenn es Ihnen folgen will, drehen Sie sich um, helfen Sie mit einem Stimmsignal („Haaalt!") und heben die Hand als Stoppgeste.

Reagiert es darauf mit Anhalten, dann ziehen Sie sich langsam und wachsam, jederzeit wieder bremsbereit, weiter zurück.

In Ausgangsposition lassen Sie Ihr Pferd nicht aus den Augen, während Sie Ihr Seil ordnen. Geben Sie dann ganz klar und übertrieben das Kommando zum Gehen, wenn Sie bereit sind. So lernt Ihr Pferd immer besser, auf Ihre Hilfen zu achten und zu warten.

Das Pferd bewegt sich vorwärts, hält aber nicht mehr an
Viele Pferde bewegen sich auf Kommando auf uns zu, halten aber erst an,

wenn sie bei uns angekommen sind. Achten Sie darauf, ob Sie sich genau überlegt haben, wie nahe das Pferd kommen soll? Wenn Sie einfach nur sagen: „Geh vorwärts", aber nicht wie viel bzw. der Bewegung kein Ende mehr setzen, dann tun das viele Pferde genau das korrekt. Setzen Sie der Vorwärtsbewegung ein Ende, das Sie wählen. Variieren Sie die Schrittzahl. Sie sollten immer in der Lage sein, Ihre persönliche Komfortzone zu „verteidigen", das heißt, das Pferd darf diese nicht ungefragt betreten. Auf Armlänge Abstand ist Schluss, es sei denn, Sie laden das Pferd klar dazu ein, näherzukommen.

Rückwärts

Rückwärts ist für Pferde oft wesentlich schwieriger auszuführen als vorwärts. Zum einen ist die Sicht nach hinten durch den Pferdekörper versperrt oder zumindest schlecht überschaubar. Das Pferd kann sich nicht so gut orientieren und seine Hufe sicher setzen.

Wenn wir diese Bewegungsrichtung vom Pferd verlangen, sollten wir uns darüber klar sein, dass es aus den genannten Gründen kaum weitere Strecken rückwärts gehen wird, sondern sich eher die Mühe machen wird, sich umzudrehen. Verlangen wir trotzdem mehr als nur einige wenige Schritte rückwärts, die das Pferd gut, locker und willig ausführt, dann ist das ein großer Vertrauensbeweis, den uns das Pferd damit gibt. Es führt sie aus, weil es sich sicher genug fühlt, sich von uns leiten zu lassen.

Das bedeutet wiederum, dass wir diese Verantwortung auch übernehmen sollten und dafür sorgen, dass das Pferd weder über vergessene Gegenstände stolpert noch an einer Wand landet. Sorgen wir gut und bewusst für seine Sicherheit, wird das Pferd mit der Zeit immer mehr positive Erfahrungen machen, die ihm unsere Führungsqualitäten beweisen. Es wird uns glauben, was wir sagen.

Voll logisch?!

Aus diesem Grund benutzen wir das Rückwärtsrichten des Pferdes nicht als Strafe. Diese Prozedur ist leider oft zu sehen. Das Pferd wird so schnell lernen, dass Rückwärtsgehen etwas sehr Unangenehmes, ja sogar Bedrohliches ist. Wenn wir nun wirklich Gründe haben, unser Pferd rückwärts gehen zu lassen, wird es diese Bewegung kaum mehr locker, willig und zwanglos ausführen.

Auch wird strafendes Rückwärtsgehen häufig angewendet, wenn das Pferd irgendeine Lektion nicht wie gewünscht ausgeführt hat. Es geht dabei merkwürdigerweise selten um die Lektion „Rückwärts" als solches, sondern hat mit der gewünschten Lektion nichts zu tun.

Für uns ist es unlogisch, eine bestimmte Bewegung als Strafe einzusetzen, um dem Pferd eine andere Bewegung zu „erklären", geschweige denn, sie zu verbessern. Wie soll das Pferd ein „Rückwärtsrennen!" mit „Du sollst weicher seitwärts treten" verknüpfen?

Rückwärts wird also einfach als grobe Pauschalantwort eingesetzt, als extrem hoher Druck, der dem Pferd aber ganz bestimmt nicht genau das klarmacht, was es nun genau falsch gemacht hat und noch weniger, wie es sich verbessern soll!

Keine Ausreden

Als Entschuldigung hört man oft: „Der weiß ganz genau, was er machen soll!" Diesen Satz würden wir höchstens bei zu größter Selbstständigkeit erzogenen und auf hohem Niveau ausgebildeten Pferden gelten lassen. Und sogar dann können wir fast sicher sein, dass unsere Anweisungen nicht präzise genug waren.

Ansonsten ist es einfach eine Unterstellung, dass das Pferd irgendwelche unguten Pläne gegen uns im Schilde führen würde …

Dann sollten wir uns vielleicht wieder mal Gedanken machen, wie wir unser Pferd zu mehr echter Kooperation erziehen können. Im Wort „Kooperation" steckt auch das Wort „zusammen". Und etwas, das wir zusammen tun, hat nichts damit zu tun, dass wir das auf Kosten des Kooperationspartners tun. Ob wir wollen oder nicht, wir hängen immer untrennbar mit darin.

Linke Seite oben: Vorwärts – aus der vorderen Position können Sie gut sehen, ob sich das Pferd leicht in Bewegung setzt oder nicht.

Bild unten: Auch für das Anhalten ist die frontale Position hilfreich.

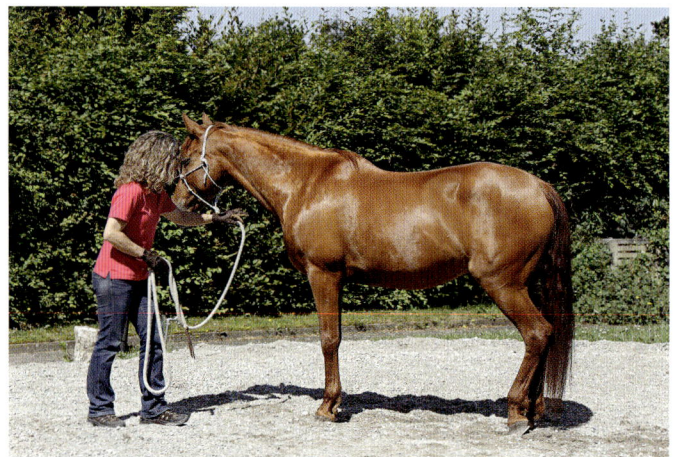

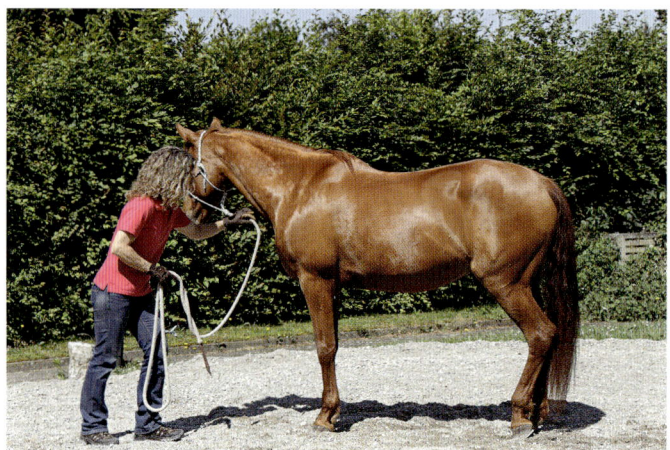

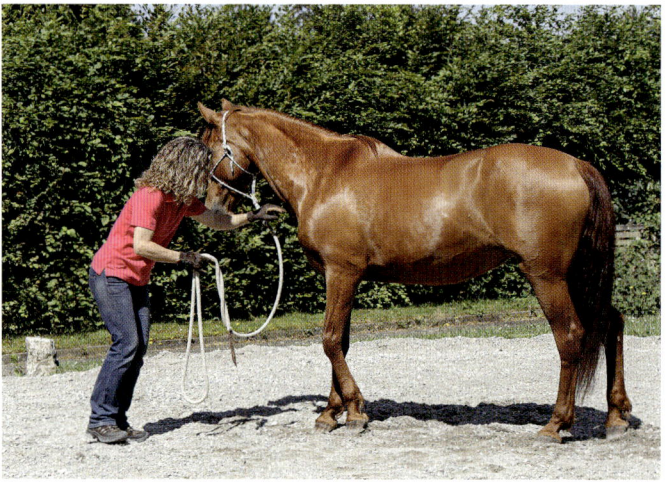

So geht es

Sie stellen sich neben das Pferd, etwa auf die Höhe der Schulter. Schauen Sie dabei nach hinten, in Richtung zum Schweif. Die Hand, die dem Pferd näher ist, ergreift das Seil kurz hinter dem Knoten.

Nun bauen Sie wieder Zug am Seil auf, Finger für Finger schließt sich die Hand. Wie Sie es schon vom Vorwärts kennen, steigt der Druck alle ein bis zwei Sekunden um den Druck eines zusätzlichen einzelnen Fingers an. Bitte wiederum den Druck stetig ansteigen lassen, ohne Lücken.

Die Zugrichtung am Seil geht nach hinten, in Richtung der Pferdebrust. Auch Ihr Körper und Ihr Blick sind nach hinten fokussiert: in die Richtung, in die das Pferd nachgeben soll. Weicht es auch nur im Ansatz, können Sie sich damit zu Beginn zufriedengeben und lassen das Seil sofort los.

Halten Sie die Brust des Pferdes im Blick: Sobald sich hier die Brustmuskeln zu bewegen beginnen, können Sie nachgeben. Auch hier genügt zu Anfang wieder die Idee des Pferdes, nach hinten nachzugeben. Eine minimale Gewichtsverlagerung reicht schon, es muss noch kein Bein versetzen oder gar einen ganzen Schritt machen.

Dies geschieht Stück für Stück: Je besser die winzig kleinen Bewegungen klappen, umso eher können Sie immer mehr davon verlangen.

In dieser Position, seitlich vom Pferd, können Sie gut sehen, was das Pferd tut. Sie überblicken den ganzen Pferdekörper. Auch hilft oft das eigene Ausrichten mit in die Bewegungsrichtung, dass das Pferd versteht, was Sie wollen.

Mit zwei Fingern beginnen und sofort loslassen, wenn Ihr Pferd versucht, das Erwünschte zu tun.

Aufbau der Übung

Was nun Ihr Pferd genau machen soll oder wie weit es sich rückwärts bewegen soll, können Sie vielleicht aus diesem Vorschlag entnehmen:

> Bewegen der Brustmuskeln
> Gewichtsverlagerung von den Vorderbeinen nach hinten in Richtung Hinterbeine
> Entlasten eines Beines (mit Abheben der Hufspitze)
> Entlasten von zwei Beinen
> Einen Schritt zurück (= alle vier Beine einmal bewegt)
> Zwei Schritte zurück
> Etc.

Wenn Sie diese Übung vielleicht anders kennen, möchten wir Sie gerne auf die Rubrik „Varianten" (siehe Seite 69) hinweisen. Dort gibt es zu allen Übungen verschiedene Möglichkeiten und Ideen. Hier beschreiben wir die Grundübungen, die unserer Erfahrung nach gut funktionieren.

Lieber Leser, denken Sie daran, auch diese Übung von beiden Seiten aus gut zu üben.

Einladung zur Rückwärtsbewegung aus der Sicht des Pferdes.

Tipp | Schritt für Schritt

Achten Sie unbedingt darauf, dass das Pferd den Kopf und Hals entspannt lässt und keinesfalls mit hoher Kopfhaltung oder gar Hochreißen des Kopfes rückwärts geht. Das Pferd soll mit lockerem Hals, rundem Rücken und abgekipptem Becken ruhig rückwärtstreten. So lernten es auch, das Körpergewicht über die Hinterhand zu schieben: dies kann das Gewicht übernehmen. Das klappt aber nur, wenn Sie es zu Beginn langsam angehen lassen. Jede Abwehrbewegung mit hohem Kopf lässt das Pferd den Rücken wegdrücken. Gehen Sie also sorgfältig vor.

Zu viel Druck in Richtung des Kopfes bringt das Pferd wie hier leicht zum Hochnehmen des Kopfes und Wegdrücken des Rückens.

Direkt und indirekt

Je leichter diese Aufforderungen verstanden werden, desto eher können wir mit indirekten Berührungen arbeiten. Das bedeutet, dass wir unser Pferd nicht mehr durch eine direkte Berührung am Körper aktivieren müssen, sondern dass ein Projizieren von Energie auf den gewünschten Körperteil ausreicht, um die Bewegung zu erhalten.

Konkret bedeutet „Energie projizieren": intensives Fokussieren mit dem Blick, auf den gewünschten Körperteil zeigen, das Seil in die Richtung schwenken, das Seil als Seilpropeller einsetzen, wobei das kreisende Ende des Seils die gewünschte Richtung sehr präzise zeigen muss.

Was tun, wenn es nicht funktioniert?

Das Pferd weicht dem Druck nicht

Achten Sie darauf, dass Sie die Energie wirklich bei Null aufbauen und kontinuierlich steigern. Lassen Sie keine Lücken in der Steigerung, das heißt, der Druck nimmt stetig zu. Verpassen Sie nicht den kleinsten Versuch des Pferdes, in der gewünschten Weise zu reagieren. Handeln Sie eher nach dem Prinzip „Im Zweifel für den Angeklagten".

Wenn Sie alle Finger um das Seil geschlossen haben und immer noch keine Reaktion kommt, können Sie zusätzlich mit dem Daumen in die Brust des Pferdes pieken. Auch das Nachhelfen mit zusätzlicher Berührung der anderen Hand an der Brust oder auch am Vorderbein ist eine Möglichkeit.

Das Pferd schlägt mit dem Kopf

Manche Pferde schlagen mit dem Kopf, um dem Druck nach hinten auszuweichen. Lassen Sie es den Kopf senken (siehe Seite 60) und fragen Sie die Übung erneut ab. Überprüfen Sie Ihre Körperhaltung und richten Sie sich bewusster nach hinten aus. Machen Sie Ihre Absicht für das Pferd noch deutlicher sichtbar.

Das Pferd wartet Ihre Aufforderung nicht ab

Haben Sie Geduld und warten Sie ab, bis Ihr Pferd wieder stillsteht, und beginnen Sie erst dann erneut mit der Übung. Vielleicht ist Ihr Pferd bereits so sensibilisiert auf Ihre Körpersprache, dass es zum Rückwärtsrichten schon reicht, dass Sie vor es hintreten. Bewegen Sie sich also ganz bewusst.

Hinterhand bewegen

Die Hinterhand bildet mit ihren großen Muskelgruppen einen zentralen Teil des Pferdekörpers. Die Hinterhand gilt als „Motor" des Systems.

Oft ist die Hinterhand ein bisschen das „Stiefkind": Sie wirkt ein wenig vernachlässigt, tarnt sich hinter Passivität, und viele Pferde „wissen" nicht so richtig, dass sie da ist. Dabei ist die Hinterhand enorm wichtig, wenn es darum geht, dass sich das Pferd auch unter dem Reitergewicht gut und gesunderhaltend bewegen kann.

Das Pferd muss durch sinnvolle Ausbildung lernen, mit der Hinterhand mehr Last aufzunehmen. Damit ist gemeint, dass sich der Schwerpunkt des Pferdekörpers weiter nach hinten Richtung Hinterhand verlagert, als er von Natur aus ist. So kann das Pferd bessere Gewichtsbalance zwischen Vor- und Hinterhand halten. Das ist besonders wichtig, wenn dann das Gewicht des Reiters zusätzlich belastet. Ist das Pferd nicht nur seitlich besser ausbalanciert, also gerade gerichtet, sondern auch vorne und hinten ausgeglichener, belasten wir das ganze Körpersystem

gleichmäßiger. So können die großen Muskelpartien der Hinterhand helfen, den Reiter zu tragen. Die Gleichmäßigkeit im Körper entsteht aber erst durch gezieltes Training.

Wahrnehmung

Wir können damit beginnen, dem Pferd dabei zu helfen, seine Hinterhand besser zu spüren. Die Körperteile der Hinterhand sind so weit vom Kopf des Pferdes entfernt, dass sie oft schlecht wahrgenommen werden. Widmen Sie der Hinterhand beim Thema „Berühren" besondere Aufmerksamkeit: Streifen Sie die Beine außen und innen mehrmals deutlich ab, umfassen Sie ein Bein mit beiden Händen und gleiten Sie von oben bis nach unten zum Huf. Heben Sie die Hinterhufe kurz an und setzen Sie sie dann bewusst wieder auf den Boden. Damit „erden" Sie Ihr Pferd und zeigen ihm, dass die Hinterhand auch zu seinem Körper gehört.

Beziehen Sie ruhig auch den Schweif mit ein: ein sanftes Ausstreichen beim Putzen, das Umfassen und Abstreichen der Schweifrübe oder ein leichtes Kreisen.

Die Hinterhand soll sich so verschieben, dass Ihr Pferd lernt, sein inneres Hinterbein als Stützbein unter den Körper zu schieben: So kann es in die innere Schulter entlasten, die Schulterachse bleibt horizontal (rote Linie).

Passivität

Wenn das Pferd sich seiner Hinterhand wenig bewusst ist, setzt es diese natürlich auch nicht vermehrt ein. Mehr Last aufnehmen kann es aber nur, wenn wir ihm zeigen, dass es das überhaupt tun soll und auch wie es das tun soll. Natürlicherweise bewegt sich ein Pferd vorhandlastig, das heißt, sein Körperschwerpunkt liegt in Richtung der Vorhand verschoben. Jeder Tempowechsel geschieht über Aktionen aus der Vorhand heraus.

Spätestens unter dem Reiter sollte das Pferd aber zum Belastungsausgleich die Hinterhand mehr einsetzen, um den Körper vorwärts zu schieben oder auch die Richtung zu ändern.

Mehr Aktivität in der Hinterhand bedeutet für das Pferd zunächst einen vermehrten Energieaufwand, den es natürlich zu vermeiden sucht: Es möchte instinktiv Energie sparen. Also müssen wir wieder schrittweise arbeiten, um die Hinterhand aus der Reserve zu locken. Je beweglicher die Hinterhand ist und das Pferd dazu bereit, in alle Richtungen nachzugeben, desto mehr Aktion ist möglich.

Wir müssen der Hinterhand vor allem beibringen, weiter vorzuschwingen, sodass die Hinterbeine weiter in Richtung Körperschwerpunkt treten. Hier hilft uns diese Übung.

So geht es

Wie bei allen Übungen beginnen wir mit einer direkten Berührung des Pferdekörpers. So können wir unsere Signale klar vermitteln. Klappen die Hilfen auf leichteste Aufforderung, arbeiten wir daran, dass unser Pferd auch auf indirekte Hilfen genauso leicht reagiert.

Sie stellen sich seitlich neben die Hinterhand des Pferdes. Richten Sie Ihren Körper schon zu Beginn deutlich aus, sodass Sie auch über Ihre Körpersprache klarmachen, dass Ihr Pferd die Hinterhand seitlich wegbewegen soll.

Fokussieren Sie deutlich auf die Hinterhand, legen Sie die flache Hand darauf und üben Sie leichten Druck aus.

Weicht das Pferd diesem nicht seitlich aus, steigern Sie Ihren Druck nach zwei Sekunden. Dabei ziehen Sie die Finger leicht zusammen. Erhöhen Sie alle zwei Sekunden Ihren Druck, falls das Pferd nicht weicht. Bei hohem Druck hat sich das Handkommando soweit verändert, dass Sie mit dem Daumen mit Kraft seitlich drücken. Beim kleinsten Anzeichen, dass Ihr Pferd bereit ist nachzugeben, nehmen Sie sofort dramatisch Ihre Hand weg und loben Ihr Pferd.

Sie möchten die Hinterhand weichen lassen. Dabei richtet sich Ihr Körper genau auf die Hinterhand aus. Achten Sie auf die Richtung, in die Ihre Fußspitzen zeigen …

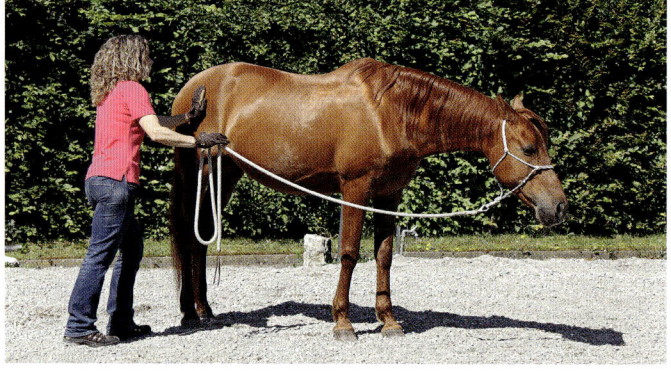

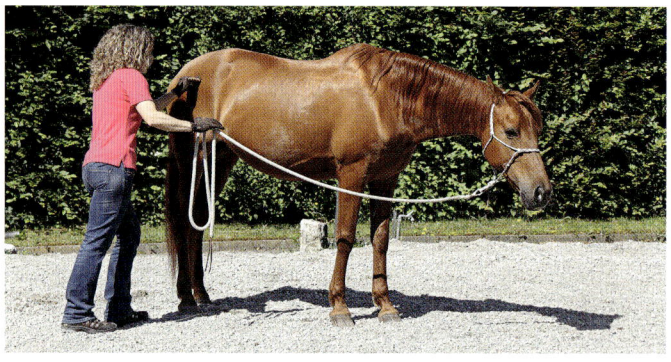

Dabei kann zu Beginn das minimale Verlagern des Körpergewichts reichen, es muss noch kein richtiger Schritt zur Seite sein. Ermutigen Sie Ihr Pferd, indem Sie die kleinsten Ansätze bestätigen. Der kleinste Lernschritt zu Beginn kann sein, dass es sein Gewicht auf das andere Bein verlagert. So geben Sie dem Pferd die Möglichkeit zu verstehen, was Sie genau wollen.

Das Pferd wird sich vor allem anhand des Nachlassens Ihres Drucks orientieren und nicht nur an dem, was sie tun. Stück für Stück soll das Pferd lernen, die Hinterhand seitlich wegzubewegen, indem es zuerst einen Schritt zur Seite macht. Mit zunehmender Leichtigkeit können zwei, drei, vier und mehr Schritte nacheinander abgefragt werden.

Beobachten Sie dabei bitte die Art, wie sich das Pferd während der Übung bewegt. Es soll (falls es bereits mehr als ein Bein bewegt) mit dem Ihnen näheren Hinterbein vor das andere zu kreuzen beginnen. Bleiben die Beine auch bei fortgeschrittener Übung immer nur parallel, bewegt sich das Pferd vermutlich eher nach vorne weg oder nach hinten. Dabei vermeidet es aber das korrekte Weichen zur Seite.

Hier üben die zusammengezogenen Finger schon etwas mehr Druck aus.

Bald reicht es, dass Sie sich nur vorstellen, wie die Hinterhand weicht.

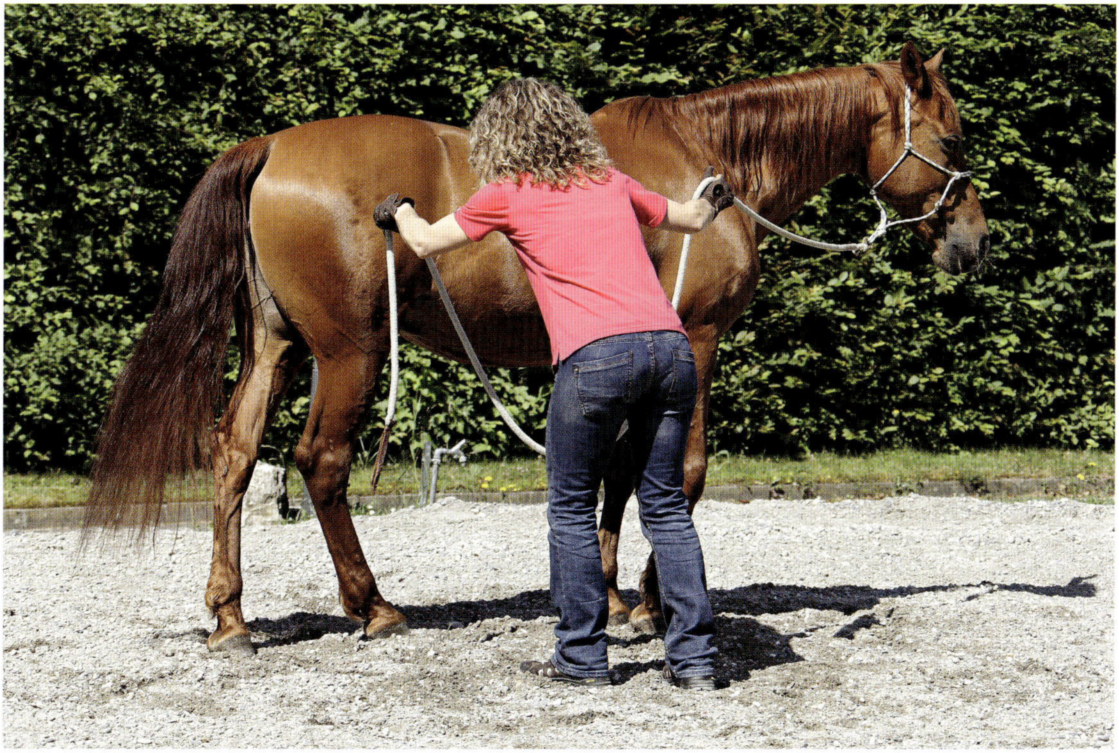

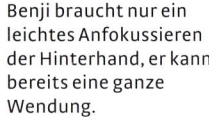

Benji braucht nur ein leichtes Anfokussieren der Hinterhand, er kann bereits eine ganze Wendung.

Aufbau der Übung

Was nun Ihr Pferd genau machen soll oder wie weit es die Hinterhand seitlich bewegen soll, können Sie vielleicht aus diesem Vorschlag entnehmen:

> Bewegen der Muskeln an der Hinterhand
> Gewichtsverlagerung vom inneren Hinterbein auf das äußere
> Entlasten eines Beines (mit Abheben der Hufspitze)
> Entlasten von zwei Beinen
> Einen Schritt (= alle vier Beine einmal bewegt), wobei die Hinterbeine einmal ansatzweise kreuzen
> Zwei Schritte
> Eine viertel, halbe oder ganze Wendung
> Etc.

Wieder können wir steigern. Wenn das Pferd die Übung auf leichteste Impulse gut ausführt, können wir zur indirekten Berührung kommen: Wir schicken die Hinterhand des Pferdes seitlich mittels Energieprojektion über Blick, Zeigen, Schwenken des Seils oder Seilpropeller. Beschreibungen von Varianten finden Sie auf Seite 70.

Was tun, wenn es nicht funktioniert?

Das Pferd weicht dem Druck nicht

Steigern Sie sehr konsequent Ihre Energie. Seien Sie bereit, ALLES zu geben, damit sich die Hinterhand nur um einen Millimeter verschiebt. Wenn es sehr zäh geht, denken Sie dran, dass Sie nur ein Muskelzucken als erstes Resultat erreichen wollen. Je schwerer es geht, umso kleiner muss unser Ziel sein. Seien Sie großzügig mit dem Belohnen. Vielleicht wollte Ihr Pferd ja nur wissen, ob es auf dem rechten Weg ist ...

Hilft das alles nichts, dann nehmen Sie die Möglichkeiten unter „Varianten" (siehe Seite 70) und arbeiten mit größeren, dramatischeren Bewegungen mit Hilfe des Seils oder des Kontaktstocks. Denken Sie daran: Je schwieriger, umso schneller belohnen!

Das Pferd geht vorwärts/rückwärts

Pferde vermeiden Dinge, die schwierig sind: Das Unterschieben der Hinterhand und Kreuzen ist vom Gleichgewicht und der Koordination her anspruchsvoll, vorwärts oder rückwärts ist leichter. Dem Überkreuzen kann von der Geschmeidigkeit der Muskulatur Grenzen gesetzt sein. Gleichzeitig ist auch mit den „verknoteten" Beinen die Fluchtfähigkeit eingeschränkt. Auch dies wird das Pferd instinktiv zu vermeiden suchen.

Achten Sie darauf, dass Sie wirklich gut auf der Höhe der Hinterhand stehen und Ihr Bauchnabel genau von der Seite her Druck macht. Ihr Blick, Schul-

terlinie, Bauchnabel und Fußspitzen zeigen genau in die Richtung, in die sich das Pferd bewegen soll. Stehen Sie auch nur einen Fußbreit weiter vorne oder hinten, kann Ihr Körper durch den veränderten Winkel mehr vorwärts oder rückwärts treiben.

Das Pferd bewegt immer die Vorhand statt die Hinterhand

Auch das kann ein Test sein: Ihr Pferd überprüft, ob es Ihnen reicht, dass es sich irgendwie bewegt (am liebsten so, wie es für das Pferd komfortabel ist). Verstärken Sie die Körpersignale deutlich, um klar zu machen, dass Sie wirklich die Hinterhand meinen.

Vielleicht haben Sie aber auch nur ganz leicht am Seil gezogen, das am Pferdekopf befestigt ist: Ihr Pferd wendet sich zu Ihnen. Halten Sie das Seil in der dem Pferdekopf näheren Hand, bringen Sie selber seitlich die Hinterhand in Position. Schauen Sie dabei aber zum Pferdekopf zurück, heben Sie die Hand mit einer Stoppgeste und helfen Sie mit der Stimme nach („Haaalt!"). Wenn Ihr Pferd nun stoppt, geben Sie überdeutlich den Impuls an der Hinterhand.

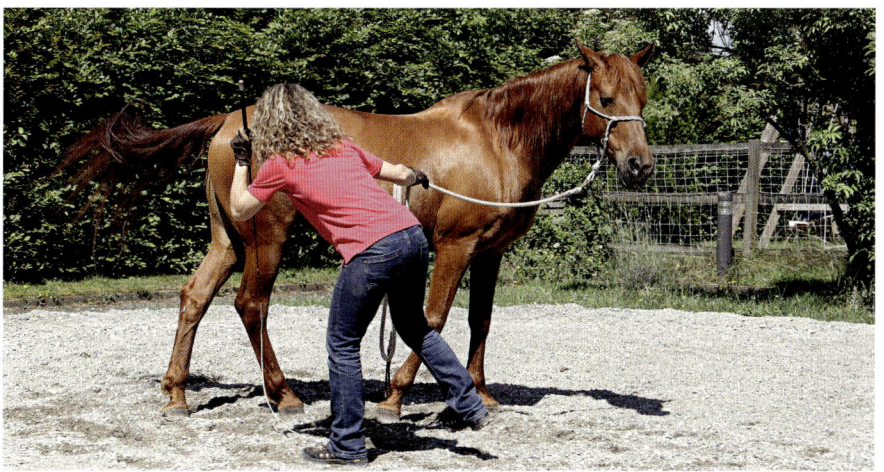

Achten Sie bei allen Übungen darauf, dass Sie immer sehr deutlich mit Ihrer Körpersprache sind.

Vorhand bewegen

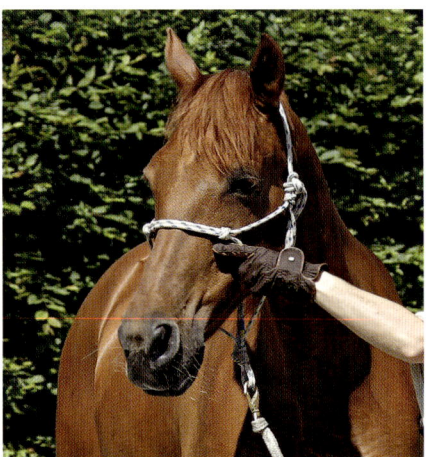

Häufig beobachten wir, dass das Verschieben der Vorhand für die Schüler technisch gesehen am schwierigsten auszuführen ist. Hier müssen wir einen größeren Bereich des Pferdekörpers gleichzeitig kontrollieren, was ganz schön viel Koordination und Balance braucht. Die Vorhand besteht ja aus der Schulterpartie, den Vorderbeinen, dem Hals und Kopf des Pferdes.

Vielleicht ist das Verschieben der Vorhand aber auch schwieriger, weil sie mehr Bedeutung für das Pferd hat. Kopf, Hals und Vorhand sind für die Steuerung des ganzen Körpers zuständig. Wenn uns das Pferd die Kontrolle über die Steuerung überlässt, überlässt es uns damit auch die Verantwortung, in welche Richtung seine nächsten Schritte gehen werden. Die Richtung gut zu wählen, kann über Leben und Tod entscheiden: Entweder das Pferd nähert sich einem Raubtier oder es entfernt sich davon …

So geht es

Stellen Sie sich neben die Schulter des Pferdes, Ihr Bauchnabel zeigt dabei direkt auf das Pferd. Die eine Hand kontrolliert den Pferdekopf, die andere die Vorderbeine. Die Hand am Kopf platzieren Sie so, dass Sie den Daumen im Nasenband lose einhaken, die drei mittleren Finger stützen Sie auf der Nase des Pferdes ab.

Sie stellen nun den Kopf des Pferdes über leichten Druck auf die Pferdenase nach außen, das heißt so, dass es von Ihnen wegschaut. Die andere Hand legen Sie an der Pferdeschulter flach an und üben leichten Druck zur andern Seite aus. Sie steigern die Intensität in der Weise, wie Sie vorher die Hinterhand verschoben haben, bis sich Ihr

Pferd leicht von uns wegbewegt. Wieder reicht zu Beginn ein leichtes Gewichtverlagern auf das äußere Bein. Je leichter das Pferd reagiert, umso eher können Sie den Anspruch steigern: ein Bein abheben, ein halber Schritt, ein ganzer Schritt, etc.

Auch hier können Sie kontrollieren, ob das Pferd korrekt mit der Vorhand zur Seite weicht, in dem Sie die Vorderbeine im Blick behalten: Ziel sollte sein, dass diese kreuzen, das uns nähere Bein soll vor das andere kreuzen.

Achten Sie während dem Ausführen darauf, dass Kopf und Pferdehals während der ganzen Bewegung nach außen, also von Ihnen weg gestellt bleiben sollen. So lässt sich das Pferd leichter mit der Vorhand verschieben und macht sich meist weniger steif.

Aufbau der Übung

Was nun Ihr Pferd genau machen soll oder wie weit es die Hinterhand seitlich bewegen soll, können Sie vielleicht aus diesem Vorschlag entnehmen:
> Bewegen der Muskeln an der Vorhand und am Hals
> Gewichtsverlagerung vom inneren Vorderbein auf das äußere

> Entlasten eines Beines (mit Abheben der Hufspitze)
> Entlasten von zwei Beinen
> Einen Schritt (= alle vier Beine einmal bewegt), wobei die Vorderbeine einmal ansatzweise kreuzen
> Zwei Schritte
> Eine viertel, halbe, ganze Wendung

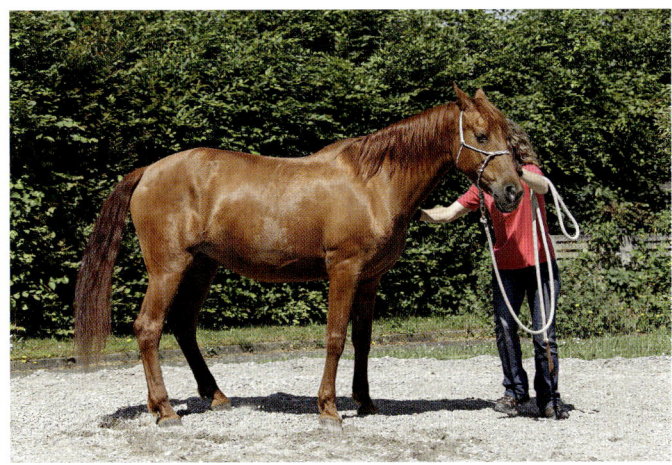

Auch hier möchten wir gerne die Verfeinerung zur indirekten Berührung erarbeiten. Nochmals zur Erinnerung: Je feiner, williger, prompter Ihr Pferd auf die Berührungen mit der Hand reagiert, umso leichter können wir es durch das „Schicken" aus immer mehr Abstand dirigieren. Beschreibungen von Varianten finden Sie auf Seite 71.

Wir helfen dem Pferd beim Verschieben der Vorhand zu Beginn, indem wir mit der Hand den Pferdekopf nochmals leicht antippen, damit das Pferd nach außen schaut. So weiß es bereits, wohin es sich bewegen soll. Nun projizieren wir mit dem Seil Energie auf die Pferdeschulter, bis es sich seitlich verschiebt. Auch hier gilt immer wieder das Prinzip der Energiesteigerung: immer mit leichtem Druck beginnen und konsequent steigern. Vergessen Sie nicht, Ihr Pferd immer wieder ausgiebig zu loben!

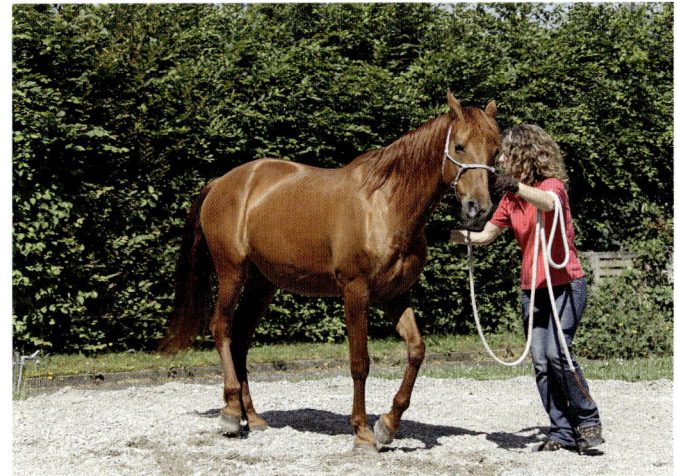

Drücken Sie das Pferd bitte nie nur am Kopf vorne herum. Ihr Pferd soll wie hier locker die ganze Vorhand mitnehmen.

Was tun, wenn es nicht funktioniert?

Das Pferd drückt gegen Sie

Drückt das Pferd gegen Sie, dann zeigt es Widerstand anstatt zu entlasten. Weisen Sie es mit der Stimme zurecht und machen Sie einen neuen Ansatz. Ist es immer noch schwierig, dann lassen Sie das Pferd sich anders hinstellen, vielleicht stehen die Beine dann so, dass das Manöver leichter wird. Steht das Ihnen nähere Vorderbein weiter vorne als das andere, klappt es in der Regel besser.

Ein wichtiger Punkt ist auch das deutliche Abstellen des Kopfes nach außen, in Bewegungsrichtung. Schaut das Pferd wirklich nach außen, wird es ihm sehr schwerfallen, mit der Schulter gegen Sie zu drücken.

Das Pferd kreuzt nicht mit den Vorderbeinen

Auch hier kann die Ursache darin liegen, wie das Pferd gerade steht. Stellen Sie es anders hin und versuchen Sie es erneut, verstärken Sie den Impuls an der Schulter deutlich.

Das Pferd geht vorwärts oder rückwärts

Achten Sie auf den Winkel, in dem Sie zu Ihrem Pferd stehen. Zeigt der Bauchnabel genau dahin, wohin das Pferd weichen soll? Stehen Sie zu weit hinten (zu steil), weicht Ihr Pferd eher nach rückwärts. Ist der Winkel zu flach (Sie schauen eher nach vorne), weicht das Pferd nach vorne aus und kommt nicht zum Kreuzen.

Hals biegen

Gerne unterteilen wir die seitliche Nachgiebigkeit im Halsbereich in zwei Abschnitte: in das seitliche Biegen im Genick und in das Biegen aus der Schulter heraus, wobei sich die gesamte Halswirbelsäule biegen soll. Gibt das Pferd im Genick nicht oder kaum nach, erreichen wir auch keine oder eine nur mangelhafte Biegung der Wirbelsäule.

Die Halswirbelsäule ist der beweglichste Teil der Wirbelsäule. Hier ist das seitliche Nachgeben am deutlichsten sichtbar. Im Idealfall können Sie das seitliche Biegen im Hals als harmonischen Bogen sehen. Wenig gebogene Abschnitte oder Knicke können auf Steifigkeit oder eine Blockade hinweisen. Vermutlich mag sich das Pferd dann aber auch nicht so gern biegen und fühlt sich zäh an.

Für die Pferde ist das einseitige Biegen des Halses sehr bedeutsam: Sie können durch das Wenden des Halses zur Seite ihr bereits großes Gesichtsfeld noch vergrößern bzw. durch das Schauen mit beiden Augen können sie eine diffuse Bewegung scharfstellen und sich damit genauer orientieren. Biegt sich das Pferd aber in seiner Längsachse, dann ist das Rennen, gestreckte Flucht nach vorne, viel schwieriger. Mit gestrecktem Körper kann sich das Pferd viel besser ausbalancieren, es wird sich also instinktiv nur kurzfristig biegen.

Schalten Sie einen Gang runter

Für den Reiter sind es aber gerade diese Aspekte, die das Biegen wichtig machen. Gibt das Pferd weich und willig nach, dann ist das Pferd viel weniger in Fluchtbereitschaft, sein Körper weniger in „Fluchthaltung". Üben wir also das Nachgeben im Hals gut ein, ist das ein wesentlicher Beitrag zur Sicherheit: Wir können den Fluchtreflex ein Stück weit ausschalten.

Klappt das am Boden gut, dann fragen Sie das Biegen nach links und rechts aus dem Sattel auf dem stehenden Pferd immer mal wieder ab. Sie prüfen damit die „Betriebsbereitschaft" und die „Kontrollfunktionen" bei Ihrem Ferrari!

Fabiolas Hals ist hoch und gerade – von Natur aus. Unter dem Reiter soll sie den Hals geschmeidig biegen und beugen. Das lernt sie vom Boden aus.

Hat das Pferd am Boden gelernt, seitlich nachzugeben, lässt sich dies leicht in den Sattel übertragen.

Wenn wir am Boden und beim Reiten immer mal wieder die Beweglichkeit des Halses prüfen, dann können wir dadurch auch feststellen, ob unser Pferd noch ansprechbar und damit kontrollierbar ist. Wenn wir merken, dass unser Pferd auf unsere Kommandos nicht mehr reagiert, entgleitet uns die Kontrolle.

Auch solche Manöver können Sie zur guten Gewohnheit machen: Gewöhnen Sie das Pferd daran, dass Sie immer wieder „anklopfen und nach dem Befinden fragen". Das gibt Ihnen und dem Pferd ein gutes Gefühl.

Gymnastik

Nicht zuletzt ist das seitliche Nachgeben in Genick und Hals ein wesentlicher Beitrag zur Gesunderhaltung Ihres Pferdes. In der Natur hat das Pferd keinen Anlass, sich länger als ein paar Sekunden zu biegen. Beim Reiten soll sich das Pferd aber auf verschieden großen Kreisbögen locker bewegen können.

Bleibt es auf einer gebogenen Linie mit der Körperlängsachse gerade, unterliegt es zwangsläufig physikalischen Kräften: Es wird nach innen kippen und um sein Gleichgewicht zu erhalten, wird es entweder mit dem Kopf/Hals oder der Hinterhand nach außen schwenken.

Belasten wir das Pferd in dieser schiefen, ungleich belasteten Haltung über längere Zeit noch mit dem Reitergewicht und auch noch in höheren Gangarten, dann sind gesundheitliche Probleme die Folge. Unser Pferd muss große Anstrengungen unternehmen, um auf den Beinen zu bleiben und es wird sich verspannen. Das ungleich verteilte Gewicht belastet Sehnen und Gelenke in höchstem Maß, die normalen Bewegungsmuster werden durch

Notbremse etablieren

Das Biegen des Halses betrifft aber auch die Hinterhand: Nehmen wir vorne den Hals deutlich zur Seite, dann schwenkt als Gleichgewichtsreaktion die Hinterhand des Pferdes zur anderen Seite. So hält sich das Pferd auf den Beinen und kommt dabei fast zum Stillstand.

Dieser natürliche Ausgleich wird als „One-rein-stop" geübt und im Westernsport als Kunstform perfektioniert. Dann wird es möglich, das Pferd aus dem Galopp über den gebogenen Hals und das Herumwerfen der Hinterhand zum Stehen zu bringen. Das ist eine Möglichkeit eines „Notfallstopps", indem Sie einfach den „Motor abwürgen": im Notfall vielleicht nicht so elegant, aber wirkungsvoll.

den Balanceverlust gestört. Lockeres harmonisches Bewegen wird unmöglich, unser Pferd wird zunehmend gestresst.

Unsere Reitpferde müssen also lernen, sich anders als natürlicherweise auf einem Kreisbogen zu bewegen. Es muss sich biegen und dadurch gleichmäßig über den Beinen ausbalancieren. Das Körpergewicht wird durch die gebogene Haltung besser verteilt. Der vorher nach innen gekippte Körper richtet sich auf, Muskeln, Sehnen und Gelenke werden gleichmäßiger belastet, die Hinterhand wird frei zum Anschieben des Körpers, die Bewegungen können sich locker und schwungvoll entfalten.

Bitte auch für Freizeitpferde!

Aus der Sicht der körperlichen und mentalen Gesunderhaltung ist es also auch für jedes Freizeitpferd sinnvoll, Biegen und Beugen zu erlernen. Auch das Thema der Seitengänge ist nicht nur was für Dressurpferde. Seitengänge

Info | Nachgeben

Nachgeben erreichen Sie niemals mit Zwang, sondern mit überzeugenden Argumenten. Bevor Sie das Nachgeben am Gebiss in Betracht ziehen, muss es am Halfter perfekt sein. Ist die Basis stabil, ist der Rest eine logische Folge.

unterstützen das geschmeidige Wechselspiel von Biegung und Geraderichtung. Kraft und Beweglichkeit nehmen dadurch zu, korrekt ausgeführt kommt die Hinterhand zum Tragen.

In diesem Buch liegt der Schwerpunkt vor allem auf der vorbereitenden Arbeit am Leitseil, nur einem Aspekt von vielen Bereichen der Bodenarbeit.

Mit Halfter und Seil können Sie die Grundelemente von Biegen, Beugen und Aktivieren der Hinterhand und erste Seitwärtsbewegungen legen. Der Fokus liegt dabei vor allem in der zwanglosen Nachgiebigkeit und Kooperationsfähigkeit der Pferde.

Zwei Finger sollten genügen, um seitliches Stellen und Biegen auszulösen.

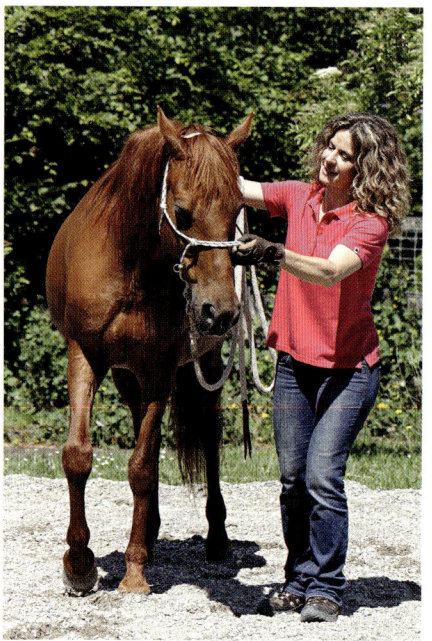

Links: Gibt das Pferd im Genick locker nach, dann wirkt das wie das Lösen der Handbremse in der Hinterhand: Leichte Schulterherein-stellung kommt von selbst zustande.

Rechts: Trockenübung: Stellen im Genick ist nur eine kleine Bewegung.

Stellen

Wir beginnen mit dem „Stellen", dem seitlichen Biegen im Genick, genauer im Gelenk zwischen der Schädelbasis und dem ersten Halswirbel.

Diese Bewegung ist nur sehr klein. Führen wir diese gefühlvoll aus, kann sich das Pferd leicht entspannen, lässt die Muskeln im Genickbereich und Hals locker und lässt sich so leichter biegen.

Stellen Sie sich seitlich neben die Schulter des Pferdes, Ihr Bauchnabel zeigt zum Pferd hin. Ergreifen Sie mit der Hand das Nasenband seitlich und legen Sie Ihre andere Hand hinter dem Genick des Pferdes seitlich auf den Hals. Stützen Sie sich hier leicht ab, während Sie nun langsam die Pferde-nase am Nasenband seitlich zu sich hin ziehen.

Bewegen Sie die Nase des Pferdes aber nur soweit, dass diese statt gerade-aus in Richtung des inneren (dem Ih-nen näheren) Beines zeigt. Es ist also ei-ne sehr kleine Bewegung. Ideal ist,

wenn Sie das Nachgeben des Pferdes als kleinen „Ruck" spüren oder sogar se-hen können. Lässt sich das Pferd gegen zähen Widerstand zwar zur Seite zie-hen, dann wird es, sobald Sie loslassen, sofort wieder zurückbewegen. Was wir aber wollen, ist ein deutliches Nachge-ben, ein Weichwerden – wir wollen nicht eine Gegenbewegung gegen Wi-derstand einüben. Dieses Nachgeben im Körper findet nur statt, wenn das Pferd mental, im Kopf nachgiebig wird. Die Bewegung sollte sich anfühlen, als ob Sie eine „Tür in der Angel" bewegen. Das seitliche Nachgeben im Genick ist Voraussetzung für die Biegung. Keine Stellung = keine Biegung!

Biegen

Gibt das Pferd leicht im Genick nach, dann fragen Sie nach mehr seitlicher Bewegung in der Halswirbelsäule. Dafür greifen Sie sich das Halfter wie vorher beim Stellen, die andere Hand markiert nun den Drehpunkt nicht mehr im Genick, sondern Sie legen sie als Stütze flach auf die Schulter des Pferdes. Nun begleiten Sie langsam die Nase des Pferdes in einem Bogen nach hinten in Richtung seiner Rippen.

Achten Sie unbedingt darauf, dass Sie den wichtigen „Moment der Entscheidung" des Pferdes mitbekommen: den Moment, wo es sich entscheidet, nachzugeben. Er ist oft auch wieder als kleiner Ruck spürbar.

Sie sollen auf keinen Fall den Hals einfach gegen zähen Widerstand nach hinten ziehen. Vielleicht gelingt das sogar, aber das Pferd wird sich meist schnell wieder der Biegung entziehen wollen.

Versteht das Pferd das Biegen im Stand, dann kommt die Umsetzung auch in der Bewegung leicht zustande.

Denken Sie bei diesem Manöver daran, dass Sie mit dem stärkeren Biegen dem Pferd seine Fluchtfähigkeit deutlich einschränken. Es soll keine Angst davor bekommen, seine Fluchtfähigkeit aufzugeben, sondern sich weich und

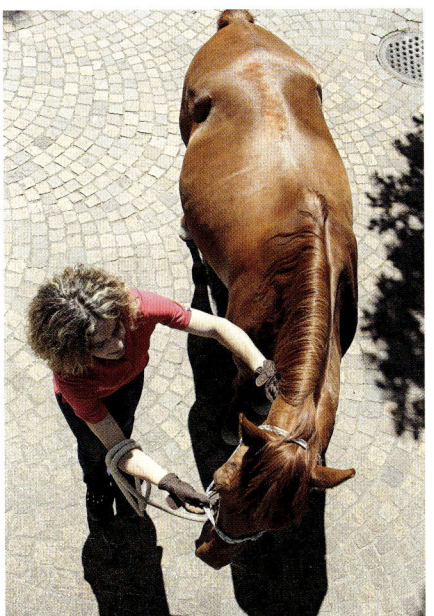

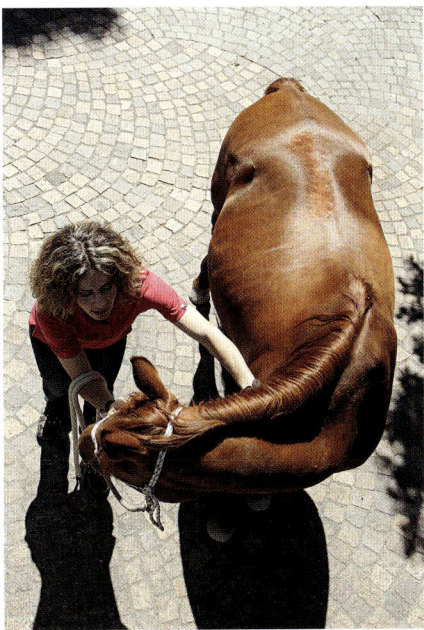

Aus dem Stellen folgt das Biegen.

Manche Pferde biegen sich so besser.

vertrauensvoll unseren Händen anvertrauen.

Achten Sie also auf den Moment des Nachgebens und bestätigen Sie ihn sofort, indem Sie den Zug zur Seite aussetzen. Behalten Sie Ihre Hände in Position und fragen Sie nach ein, zwei Sekunden nach dem nächsten Stückchen Biegung. Sie machen nur weiter, wenn das Pferd locker bleibt.

Auch hier bitte wieder „Schrittarbeit" machen. Als Endresultat erreicht Ihr Pferd vielleicht beinahe seine eigenen Rippen (beim Reiten das Knie des Reiters).

Tut sich Ihr Pferd nach längerem Training schwer mit dem weichen Biegen, kann auch ein körperliches Problem vorliegen wie ein blockierter oder verschobener Wirbel o. Ä. Dann sollten Sie einen Experten zu Rate ziehen.

Was tun, wenn es nicht funktioniert?
Das Pferd weicht mit der Hinterhand aus
Machen Sie sich bewusst, wie schwer die Übung für das Pferd ist. Es möchte seinen Körper gerade halten und weicht mit dem Wegdrehen der Hinterhand dem Biegen aus. Die Ursache liegt oft darin, dass wir zu schnell zu viel Biegung verlangen.

Also: Führen Sie den Kopf Ihres Pferdes weniger weit nach hinten und viiiiel langsamer … Stoppen Sie sofort, wenn Sie nur erahnen, dass gleich die Hinterhand ausschwenkt, und loben Sie das Pferd für seine Bemühungen. Denken Sie daran, dass auch die Muskulatur Zeit braucht, um loszulassen und sich zu dehnen. Arbeiten Sie zu schnell, baut sich im Gegenteil eine Schutzspannung auf.

Hilft aber alles nichts, dann stellen Sie Ihr Pferd neben eine Wand oder einen Zaun. So hat das Pferd mehr Halt und es ist wesentlich schwerer, mit der Hinterhand auszuweichen. Klappt es immer leichter, dann lösen Sie sich mit der Zeit wieder von Wand oder Zaun.

Das Pferd schlägt mit dem Kopf
Lassen Sie Ihr Pferd den Kopf senken (siehe Seite 61), geben Sie einen kurzen Impuls am Halfter und fragen Sie die Übung erneut ab. Auch hier eher nach nur wenig Biegung fragen.

Kopf senken

„Nach dem Biegen kommt das Beugen" sagt eine alte Reiterweisheit. Beugen, also das vertikale Nachgeben des Kopfes und Halses nach unten oder oben, ist wiederum für das Reiten sehr bedeutsam. Mit einem aus dem Widerrist harmonisch gebeugten Hals, wobei die Stirnlinie des Pferdes knapp vor der Senkrechten steht und das Genick geöffnet und der höchste Punkt ist, kann sich auch der Rücken aufwölben, locker schwingen und das weiche Vorschwingen der Hinterbeine möglich machen. So kann das Pferd den Reiter am besten und schonendsten tragen.

Es ist beim untrainierten Pferd eine natürliche Gleichgewichtsreaktion, den Kopf hochzunehmen, wenn das ungewohnte Reitergewicht auf den Rücken drückt. Also muss dem Pferd beigebracht werden, dass es auf Kommando den Kopf senken und den Hals entspannen soll. Geht es weiterhin mit hohem Kopf, drückt es den Rücken durch und macht den Körper steif. Das Kopfsenken geschieht vom Boden aus, ohne Reitergewicht.

Ein weiterer Punkt, das Kopfsenken gut einzuüben, ist der Einfluss, der die Kopfhaltung bzw. die Höhe des Kopfes auf die Psyche des Pferdes hat. Es ist ein aktiver Beitrag zu mehr Sicherheit.

Die Pferdenase ist auf Höhe des Buggelenks, hier ist die Stirnlinie kurzfristig etwas hinter der Senkrechten – aber wohlgemerkt: alles ohne Zaumzeug!

Für Fabiola ist es selbstverständlich, selber ins Halfter zu schlüpfen.

Ein hoher Kopf signalisiert Erregung, Alarmbereitschaft. Ein tief getragener Kopf ist in der Position der Entspannung. Ruhe, Dösen oder Fressen geschehen ebenfalls mit tiefer Kopfposition. Beide Positionen sind für ruhiges, konzentriertes Arbeiten oder auch das Lernen nicht ideal. Eine mittlere Kopfhöhe ist also sinnvoll, in der das Pferd locker, gelassen, aber auch wach und aufmerksam sein kann. Als Orientierungshilfe kann gelten, dass die Nasenspitze des Pferdes etwa auf Höhe des Buggelenks sein soll.

Ganz praktische Gründe für das Senken des Kopfes sind alltägliche Situationen wie das Halfter anlegen oder zäumen. Auch hier wird es zur guten Gewohnheit, wenn Sie darauf bestehen, dass Ihr Pferd den Hals entspannt und sich in Ruhe „anziehen" lässt.

Genauso wichtig ist übrigens das Halfterabziehen oder Abzäumen: Achten Sie darauf, dass Sie Ihr Pferd erst entlassen, wenn es den Kopf zu Ihnen wendet und den Hals tief hält. Sich beinahe aus dem Halfter loszureißen ist eine weitverbreitete Unart, die gern mit den Worten entschuldigt wird: „Er möchte halt so gern auf die Weide!"

Seien Sie konsequent gerade bei solchen Alltagsaufgaben. Es ist dann nicht unbedingt der Weidedrang des Pferdes, der solche banalen Situationen gefährlich macht, sondern der Mangel an Erziehung. Wenn Sie das nur zu gut kennen, dann fragen Sie sich auch einmal ehrlich, an was es liegt, dass Sie bisher in solchen Situationen nichts geändert haben. Üben Sie nun bitte nicht gleich auf der Weide, sondern beginnen Sie mit der Grundübung.

Seien Sie immer bereit, mit dem Minimum an Zug zu beginnen. Die Körperhaltung unterstützt das Nach-unten-Kommen.

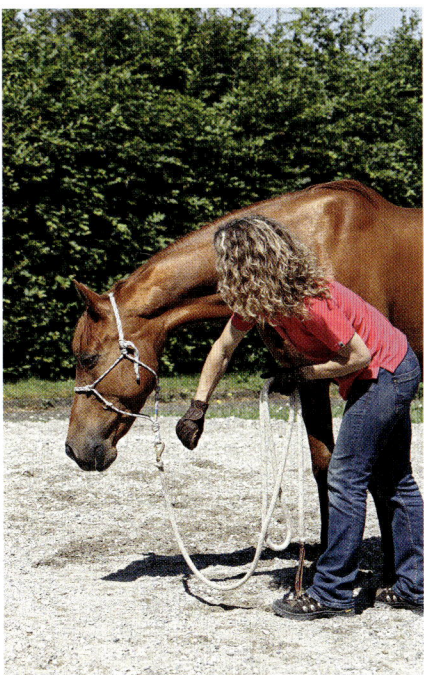

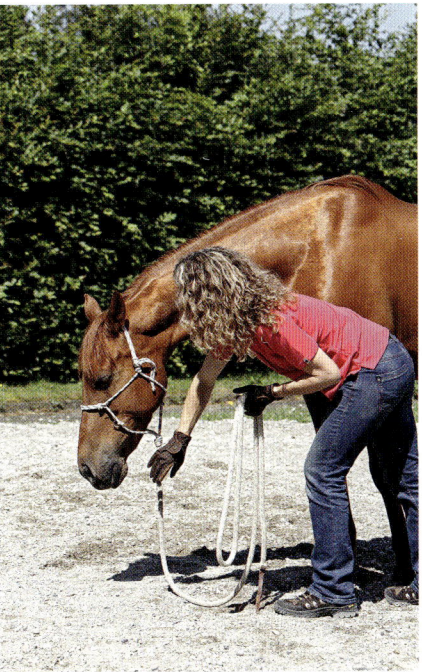

Sofort lässt der Zug am Seil nach, wenn das Nachgeben kommt. Halten Sie Ihr Pferd nicht fest, wenn es unten ist.

So geht es

Stellen Sie sich parallel neben die Pferdeschulter, Blickrichtung in dieselbe, in die das Pferd schaut. Atmen Sie aus und stellen Sie sich vor, wie das Pferd sich entspannt und den Hals locker fallen lässt. Greifen Sie das Seil mit zwei Fingern nahe des Hakens und üben Sie mit zwei Fingern Zug nach unten Richtung Boden aus. Atmen Sie aus.

Wenden Sie wie schon bekannt das Prinzip der stufenweisen Energiesteigerung an, das heißt Sie erhöhen alle zwei bis drei Sekunden den Zug am Seil um jeweils den Druck eines weiteren Fingers mehr am Seil. Seien Sie immer bereit, sofort locker zu lassen, falls Ihr Pferd schon bei wenig Druck mit Nachgeben reagiert. Andernfalls steigern Sie kontinuierlich die Energie. Belohnen Sie unbedingt den leichtesten Versuch des Pferdes nachzugeben, das heißt, auch ein Millimeter ist ein Anfang.

Was tun, wenn es nicht funktioniert?
Das Pferd gibt nicht nach

Leider haben viele Pferde Mühe, Hals und Kopf zu entspannen. Besonders wenn wir als Menschen Hand anlegen. Misstrauen oder schlechte Erfahrungen bringen Sie automatisch in „Fluchthaltung" mit erhobenem Kopf. Nun auf Abruf nachzugeben ist schwierig.

Da ein hoher Hals auch beim Reiten unerwünscht ist, bindet man das Pferd mechanisch nach unten, besonders, wenn es nicht leicht nachgibt. Diese Erfahrung erklärt den Pferden nicht „den Weg in die Tiefe", wie es so schön gesagt wird, sondern bestätigt das Misstrauen des Fluchttieres oder verstärkt es noch.

Darum ist es manchmal ein Geduldsspiel, bis die Pferde wieder Vertrauen fassen und sich entspannen.

Viele sind vor lauter Gegenspannung extrem empfindlich im Genickbereich. Hier kann eine sanfte Massage helfen und auch das Ausstreichen entlang der seitlichen Halsmuskeln.

Noch wichtiger ist das Bestätigen durch sofortiges Loslassen auch beim allerkleinsten Ansatz des Nachgebens. Das ist der Lichtblick, den das Pferd braucht: Es findet heraus, dass nichts Schlimmes passiert, wenn es nachgibt. Hat es das verstanden, geschieht oft ein Quantensprung in seiner Entwicklung und der Vertrauensbildung. Enttäuschen Sie Ihr Pferd nicht!

Halten Sie auf keinen Fall den Kopf unten fest! Länger mit gesenktem Kopf entspannt zu verharren, ist eine fortgeschrittene Lektion.

Und manchmal braucht es wirklich Geduld: Unser Paintwallach war eins von diesen höchst misstrauischen Pferden (zu Recht!), als er zu uns kam. Es dauerte volle fünf Minuten, bis er sich zu einem Minimum eines Nachgebens entschließen konnte! In dieser Zeit mussten wir ruhig und entspannt bleiben – und immer zuversichtlich, dass es irgendwann kommt – ein Lehrstück für uns! Von da an war das Thema Geschichte.

Helfen Sie aber lieber mit beiden Händen: Die eine am Seil, die andere hilft im Genick. Oft ist diese Variante leichter verständlich für die Pferde.

Das Pferd reißt den Kopf hoch

Offenbar hat das Tier ein Problem mit dem Kopfbereich und möchte Sie abhalten, auch nur hinzufassen. Gehen Sie zurück zum Thema Berührung (siehe Seite 26) und checken Sie durch, ob der Kopfbereich, Ohren, Genick absolut unproblematisch sind.

Massieren Sie rund um das Genick, streichen Sie die Ohren aus.

Hilft dies auch nach mehreren Ansätzen nichts und ist Ihr Pferd sonst freundlich und ohne Probleme beim Berühren, dann fragen Sie Fachpersonen wie Tierärzte, Physiotherapeuten oder Osteopathen um Rat.

Ist Ihr Pferd fest im Genick, fragen Sie wieder nach dem seitlichen Nachgeben, massieren Sie die Genickregion, schaukeln Sie am Halfter, damit Ihr Pferd besser loslassen kann.

Beine bewegen

Nachgiebigkeit der Füße und Beine hilft uns, die Bewegungen des Pferdes weiterführend zu kontrollieren und zu koordinieren. Diese Übung kann helfen, das ruhige Aufheben der Hufe zu fördern. Wenn Sie den ersten Ansatz des Nachgebens belohnen, dann lernt das Pferd feiner zu reagieren und nicht gleich mit dem Huf zu stampfen oder zu schlagen.

So geht es

Nachdem Ihr Pferd schon an das Hantieren mit Seilen rund um seinen Körper vertraut ist, legen wir das Ende eines Seils als lockere Schlinge um ein Vorderbein. Wenn Sie gut vorgearbeitet haben, steht Ihr Pferd bei diesem Manöver vermutlich gemütlich gähnend da und wartet ab, was noch kommt. Bewegen Sie die offene Seilschlinge nun am Bein des Pferdes nach unten bis zur Fesselbeuge. Nun üben Sie leichten Zug nach vorne aus: Macht das Pferd den allerkleinsten Versuch, den Huf zu entlasten, nehmen Sie sofort Druck vom Seil und loben Ihr Pferd überschwänglich.

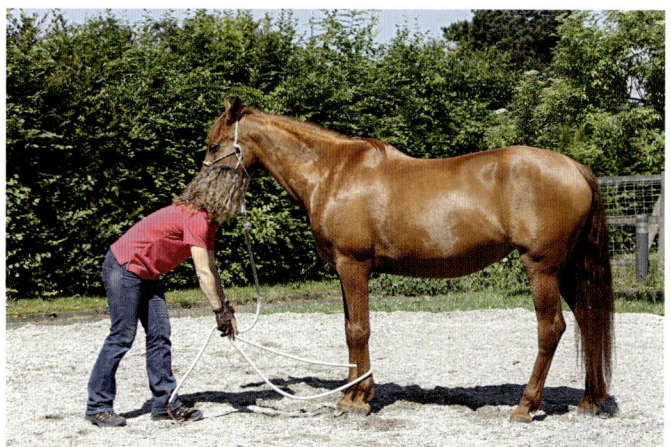

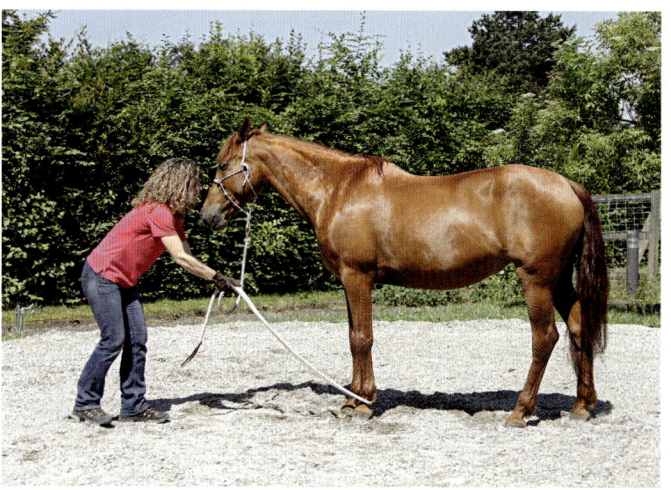

Info | Seilschlinge!

Achten Sie bitte darauf: Knoten Sie niemals ein Seil fest um ein Bein eines Pferdes, das solche Manöver nicht kennt. Die Seilschlinge, die wir hier einsetzen, ist mit dem Loslassen auch nur eines Endes sofort locker. Steigern Sie den Anspruch stückweise, bis das Pferd auf leichtestes Berühren den Huf sofort abhebt. Diese Übung können Sie an allen vier Füßen machen.

Was tun, wenn es nicht funktioniert?

Das Pferd wird unruhig beim Anlegen der Schlinge

Gehen Sie ruhig nochmals einen Schritt zurück zur Seilgewöhnung und spielen Sie ein paar Varianten durch: Kratzen und reiben Sie mit dem Seil die bewusste Stelle, klopfen und massieren Sie. Wenn Sie erneut das Seil ums Bein fädeln, lassen Sie danach absolut locker. Wird das toleriert, lösen Sie die Schlinge und loben Sie. Auch mit der absolut locker gehaltenen Schlinge ein paar Schritte zu gehen, hilft dem Pferd, sich daran zu gewöhnen.

Das Pferd gibt nicht nach

Stellen Sie sicher, dass Ihr Pferd mit seiner Aufmerksamkeit ganz bei Ihnen und nicht abgelenkt ist. Behalten Sie auch hier die kleinste Form eines Resultats, das Muskelzucken, im Kopf und seien Sie bereit, schon diesen kleinen Schritt zu bestätigen. Loben nicht vergessen!

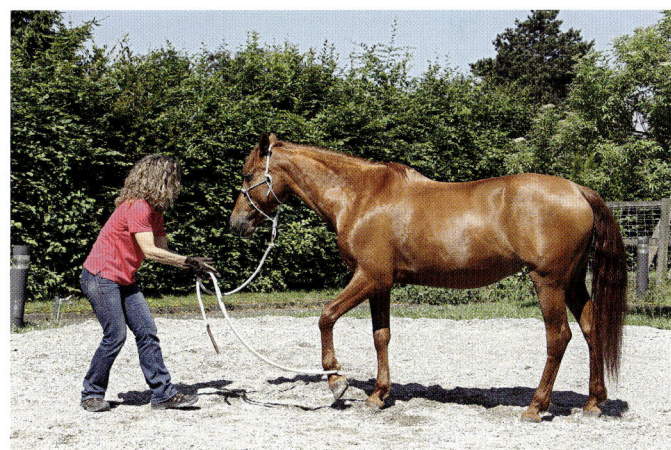

Nur ein leichtes Entlasten ist hier gefragt.

Auch die Hinterbeine kann man so aufheben, auch bei Pferden die sehr unruhig sind.

Das Etablieren einer guten Basis macht Pferde führbar.

Bild rechte Seite oben: Die Hand auf der Pferdenase unterstützt das Weichen.

Bild Mitte und unten: Die Seilschlinge wird deutlich nach hinten in Richtung der Brust des Pferdes geschwenkt. Mit der Gerte können Sie an Beinen oder an der Brust antippen.

Varianten

Vorher haben wir bewährte Basisübungen zur fundierten Grunderziehung und Grundausbildung des Pferdes beschrieben. Wir haben diese Übungen in diesem Buch so wiedergegeben, wie wir diese selber einsetzen und auch unterrichten. Bewusst haben wir nur je eine Basisübung genannt.

Es ist uns dabei wichtig, dass unsere Schüler grundsätzlich verstanden haben, wozu sie diese Übung überhaupt ausführen sollen. Es soll niemals nur das reine Abspulen einer Reihe von verschiedenen Übungen sein, sondern diese Übungen sollen sie weiterbringen in der Erziehung und im Training mit dem Pferd. Sie sind die Grundlage, dass das Pferd später ein gutes, in allen „Einzelteilen" leicht zu führendes Reittier wird.

Selbstverständlich ist es sinnvoll, nicht nur eine einzelne Übung abzuspulen, sondern das darin enthaltene Ziel letztlich auf irgendeine Weise zu erreichen, zu verbessern und zu verfeinern.

Es ist hilfreich, wenn wir eine Übung auf verschiedene Weise angehen können, also Varianten eines Themas auf Lager haben. Nicht jedes Pferd „funktioniert" bei der gleichen Übung auf die gleiche Weise.

Möchten wir zum Beispiel das Pferd zum Rückwärtsgehen bringen, können wir das außer mit der beschriebenen Grundübung auch noch anders probieren. Funktioniert die Grundübung nicht befriedigend, können wir dem Pferd vielleicht durch eine Variante besser erklären, was wir wollen.

Varianten Vorwärts

1. Bleiben Sie in der Position frontal vor dem Pferd, dann benötigen Sie für diese Variante mit der Gerte etwas Übung. Probieren Sie ruhig zuerst ohne Pferd oder bitten Sie einen Helfer, „Pferd" zu spielen. Sie halten das Seil in einer Hand und helfen gleichzeitig mit der Gerte seitlich hinter dem Pferd nach, vorwärts in Ihre Richtung zu gehen. Achten Sie darauf, dass die Gertenschnur (oder der String beim Stick) direkt hinter den Hinterhufen des Pfer-

des zu Boden fällt. So „schubsen" Sie das Pferd von hinten an. Dazu ist zu sagen, dass viele Pferde über das Locken am Seil von vorne (siehe Seite 38) sehr leicht zum Herkommen bzw. Vorwärtsgehen zu bewegen sind.

Haben wir ein sehr triebiges Pferd, dann achten wir genau darauf, ob es auch wirklich aufmerksam ist. Mangelnde Aufmerksamkeit ist nämlich sehr oft der Grund, weshalb manche Pferde als „faul" oder „träge" gelten. Vielleicht haben wir sie ja auch nicht wirklich dazu aufgefordert, aufmerksam zu sein. In dem Augenblick, in dem Sie etwas vom Pferd wollen, müssen Sie also als erstes möglicherweise nochmals kurz nachhaken und minimale Aufmerksamkeit vom Pferd verlangen. Oft klappen dann viele Lektionen viel leichter und auch mit viel feineren Gesten ...

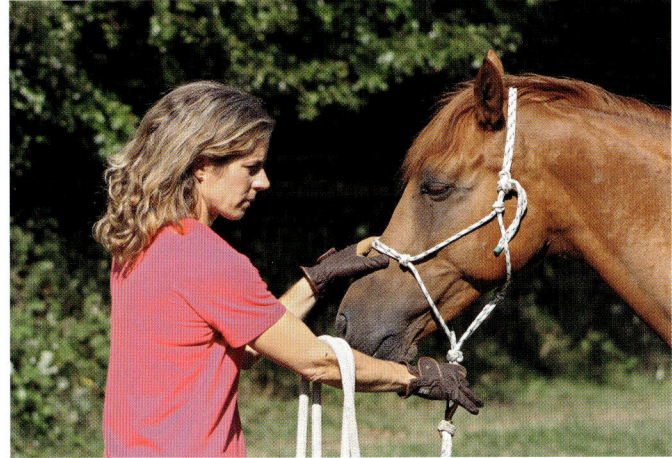

2. Gestaltet sich die Vorwärtsbewegung wirklich zäh, dann wechseln wir lieber die Position am Pferd. Wir stellen uns seitlich neben das Pferd, machen den Weg nach „vorne" frei und können aus dieser Position auch viel leichter mit unserem verlängerten Arm die Hinterhand von hinten anschieben. Mit dieser Handhabung ist das Vorwärts für die meisten Schüler schneller und mit mehr Wirksamkeit erlernbar.

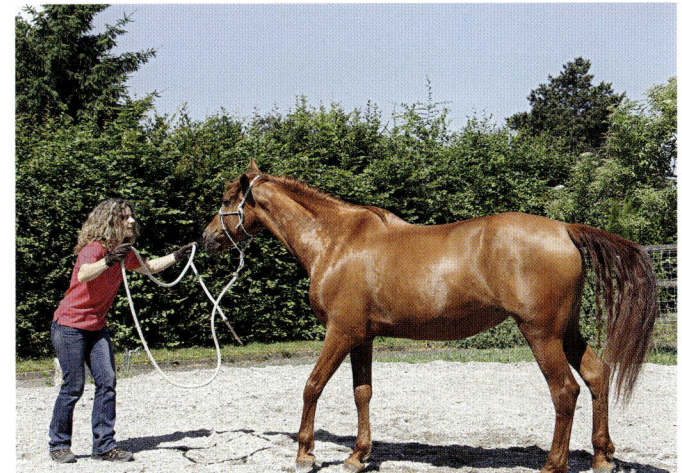

Varianten Rückwärts

1. Manche Pferde reagieren besser, wenn wir die Hand schiebend auf den Nasenrücken legen. Die andere Hand kann dabei vielleicht an der Brust assistieren.

2. Ebenfalls helfen kann das freundliche Antippen mit einer Gerte/Stick an der Brust.

3. Das Schwingen des Seils in Richtung Brust oder auf die Hufspitzen kann das Pferd auch dazu bringen, seine Füße

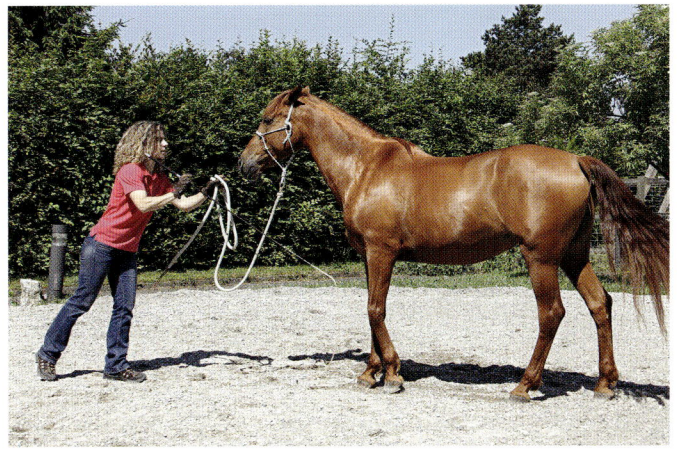

Das Hinterhand-
verschieben mit dem
verlängerten Arm.

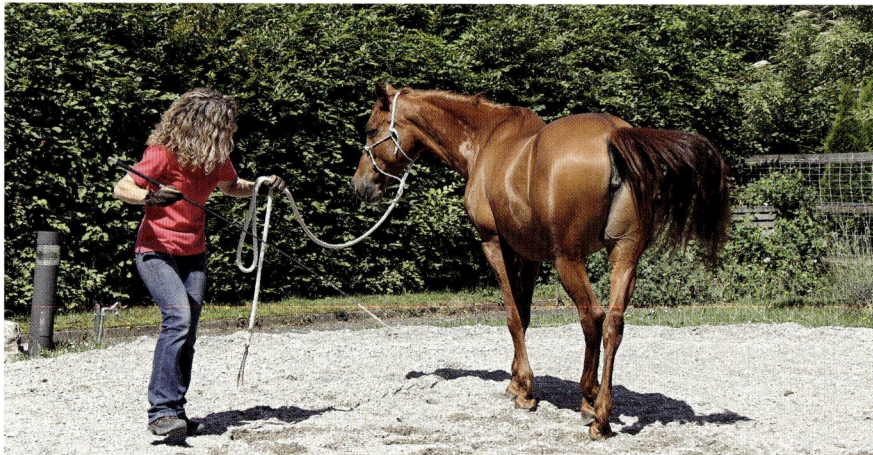

Die Vorhand wird in-
direkt nur durch das
Schwenken des Seils
verschoben.

besser in die gewünschte Richtung zu bewegen. Hierbei ist es gut, wenn Sie mit dem Umgang des Seils schon etwas Erfahrung haben und es sehr präzise einsetzen können. Schwingen Sie aus Versehen das Seil auf den Kopf des Pferdes zu, wirkt das ungewollt und unnötig aggressiv. Diese druckvolle Variante kann – gut kontrolliert und gezielt – bei sehr ignoranten Pferden durchaus wirkungsvoll sein. Der Kopf des Pferdes sollte nicht nach oben ausweichen. Das klappt, wenn Sie die Füße anvisieren und zurückschicken.

Variante Hinterhand bewegen
1. Arbeiten Sie gerne mit einem Stick oder Gerte als verlängertem Arm, vielleicht auch in Vorbereitung auf die freie Arbeit ohne Seilverbindung, dann können Sie die Hinterhand natürlich auch mit Hilfe des Sticks/Gerte verschieben. Bitte achten Sie darauf, dass keine Spuren auf dem Pferdekörper sichtbar sein müssen, damit sich Wirksamkeit zeigt. Auch hier gilt wieder das Prinzip, immer mit minimalstem Druck zu beginnen und kontinuierlich zu steigern.

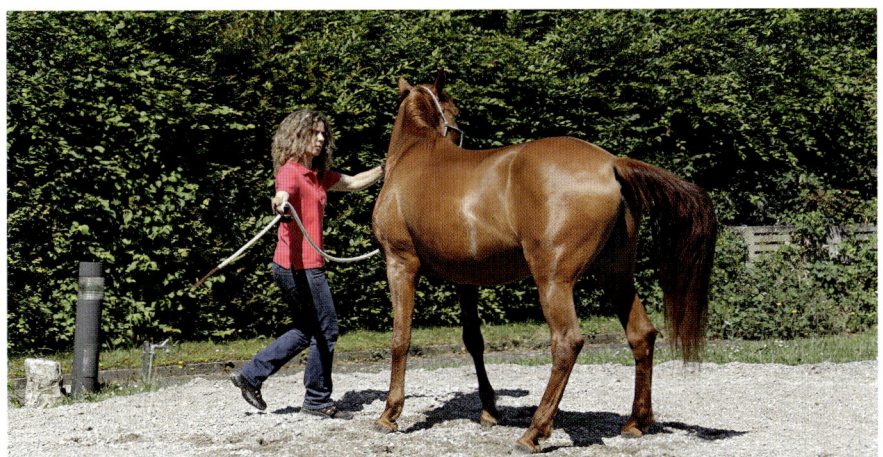

Stehen wir frontal vor dem Pferd, muss das Weichen der Vorhand schon sicher klappen, da das Pferd ja unserem Körper ausweichen muss.

Varianten Vorhand bewegen

1. Hat Ihr Pferd fein und willig gelernt, sich mit der Vorhand korrekt seitlich zu verschieben, können Sie den Winkel zum Pferd ändern. Zu Beginn stehen Sie seitlich auf Höhe der Vorhand, nun können Sie allmählich immer weiter nach vorne bis frontal vor das Pferd hin wechseln. Beobachten Sie dabei aber Ihr Pferd genau.

Bei Pferden, die zum Steigen oder Losrasen nach vorne neigen, arbeiten Sie besser aus einer sichereren seitlichen Position. Aus der frontalen Position muss Ihr Pferd nun wirklich sicher zur Seite weichen. Tut es dies (noch) nicht, kann es tatsächlich zur „Konfrontation" kommen. Sind wir unsicher, bleiben wir klar seitlich.

2. Auch die Vorhand kann mit Hilfe einer Gerte/Stick gut dirigiert werden. Verwenden Sie die Gertenschnur/String, dann ist es besonders hier in Kopfnähe wichtig, dass Sie mit der Handhabung Ihrer Hilfsmittel geübt sind. Die Schur sollte wirklich in Richtung der Schulter/Vorderbeine zielen und nicht aus Versehen auf Kopf oder Augen … Üben Sie vorher die Handhabung lieber ohne ein Pferd.

Hinterhand indirekt bewegen: Die Hinterhand wird auf Distanz mit der Seilspitze verschoben, ohne dass Berührung notwendig ist.

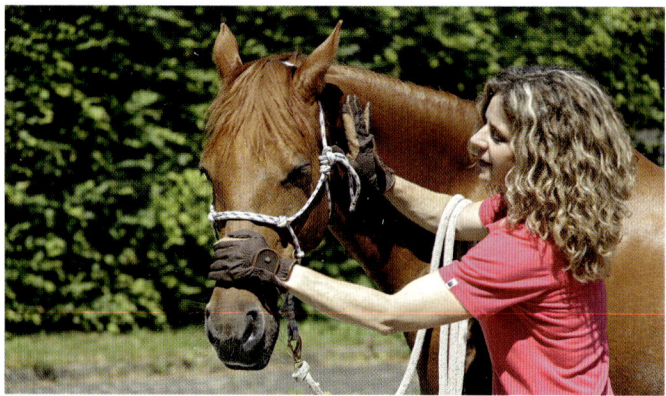

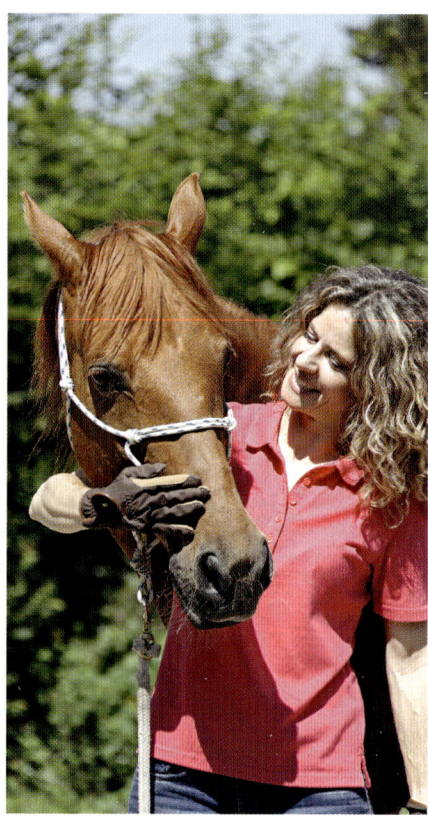

Gehen Sie nie mit der Brechstange dran. Die häufigsten Fehler, die wir sehen, sind das zu schnelle Biegenwollen und dabei zu weit nach hinten Biegen des Kopfes. Das weckt Widerstand.

Varianten Hals biegen

1. Viele Pferde reagieren sehr empfindlich auf Zug am Kopfstück. Legen Sie die Hand besser auf den Nasenrücken des Pferdes und biegen so langsam und vorsichtig den Hals.

2. Den Hals biegen gelingt nur, wenn das Pferd loslässt. Häufig ist die Muskulatur im Genickbereich und Hals verspannt bzw. das Pferd spannt besonders bei sehr handorientiertem Reiten in diesen Bereichen am schnellsten reflexmäßig dagegen. Bemerken Sie schon bereits bei kleinen biegenden Aufforderungen Zähigkeit und passiven Widerstand, bleiben Sie mit sanft lockenden seitlichen Bewegungen dran und massieren gleichzeitig die Länge des Halses. Streichen Sie die seitlichen Halsmuskeln mit gutem Druck vom Kopf bis zum Widerrist hin, greifen Sie mit der Hand auf den Mähnenkamm und streichen auch diesen nach hinten mehrmals aus. Auch den Unterhals locker zu lassen können Sie dem Pferd durch angenehmes Ausstreichen von der Kehle bis zur Brust erleichtern.

3. Mehr Kontakt: Stellen Sie sich mit dem Rücken dicht an die Schulter des Pferdes. Nun greifen Sie unter dem Hals des Pferdes zur anderen Seite des Pferdekopfes durch und biegen den Hals langsam zu sich her.

Pferde können sich in der Halswirbelsäule nur biegen, wenn sich der Kopf nicht zu weit oben befindet. Kombinieren Sie also das Biegen gerne mit der folgenden Übung, dem Senken des Kopfes.

Varianten Kopf senken

1. Versuchen wir bei manchen Pferden, sie über den Zug am Seil nach unten zum Kopfsenken zu bringen, dann leisten sie Widerstand, indem sie einfach „parken": Sie verharren starr in einer Haltung und liefern uns so ein mühsames Kräftemessen. Hier kann es helfen, wenn wir eine Hand am Seil haben und die andere im Genick von oben deutlicher macht, in welche Richtung sich das Pferd entspannen soll. Häufig ist ein Schieben für den Körper leichter verständlich bzw. löst weniger Widerstand aus als ein Ziehen.

2. Bei Pferden, die sich sehr steif in der Halsmuskulatur machen, kann „Schaukeln" helfen: Stellen Sie sich frontal vors Pferd, greifen Sie mit beiden Händen ins Nasenteil des Halfters und schaukeln Sie den Kopf des Pferdes sanft links rechts hin und her. Führen Sie dabei den Kopf Stück für Stück etwas tiefer. Lässt das Pferd los, läuft die Schaukelbewegung oft durch den ganzen Pferdekörper und sorgt für Entspannung.

Das Kopfsenken mit einer Schaukelbewegung.

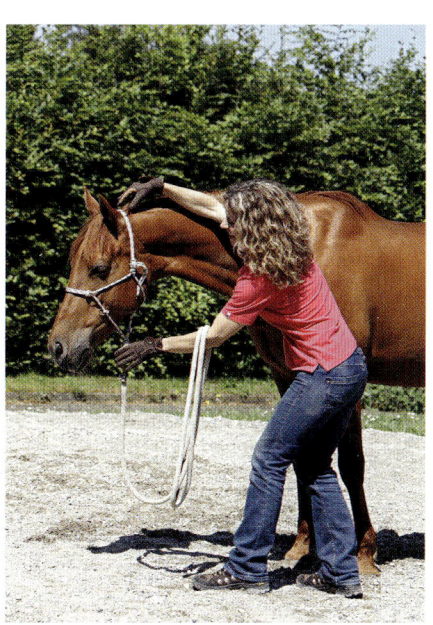

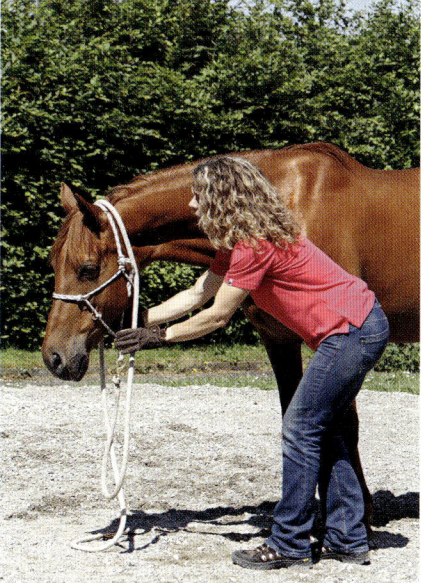

Ein leichter Druck am Genick veranlasst Fabiola, den Kopf zu senken. Die Variante rechts mit dem Seil über dem Hals, klappt auch bei kleinen Pferdemenschen erfolgreich.

3. Da unsere Kinder noch zu klein sind, um einem Pferd mittleren Stockmaßes allein ein Halfter anzulegen, nutzen sie eine einfache Variante: Sie legen als Erstes das Führseil über den Hals des Pferdes. Mit diesem „Griff" am Pferd können sie nun den Kopf des Pferdes leicht nach unten holen und so das Halfter anlegen. Üben Sie also das Nachgeben im Genick sowohl mit der Hand als auch ruhig mit einem weichen Führseil, das Sie über das Genick des Pferdes legen. Auch hier gilt natürlich wie immer die Regel: Mit zwei Fingern beginnen, beim ersten Mini-Erfolg sofort lockerlassen und Ihr Pferd loben.

Variante Beine bewegen

1. Das vielseitige Üben und Hantieren mit Stick oder Gerte lohnt sich. Auch die Beine und Füße des Pferdes können Sie damit sehr fein und einzeln dirigieren. Lernt das Pferd, dass Ihre leichten Hilfen wie Abstreichen oder Antippen ihm helfen, seine Beine zu sortieren, wird es diese immer besser annehmen. Es wird feststellen, dass Sie es unterstützen, sicherer auf den Beinen zu sein, weniger zu stolpern oder auch ein Hindernis koordinierter zu überwinden. So wird es immer gelassener, es kann sich besser konzentrieren und wird Ihnen immer mehr vertrauen.

Widmen Sie ruhig bereits beim Putzen und Vorbereiten des Pferdes den Beinen mehr Aufmerksamkeit: Streichen Sie mit den flachen Händen die Innen- und Außenseiten der Beine ab und lassen Sie die Berührung erst bei den Hufen auslaufen. Steigern Sie durch deutliches und angenehmes Berühren das Bewusstsein des Pferdes für seine Vor- und Hinterhand.

Achten Sie darauf, dass Fokus, Körper, Gerte immer eine Einheit bilden. So bauen Sie präzise in Richtung Hinterhand Energie auf.

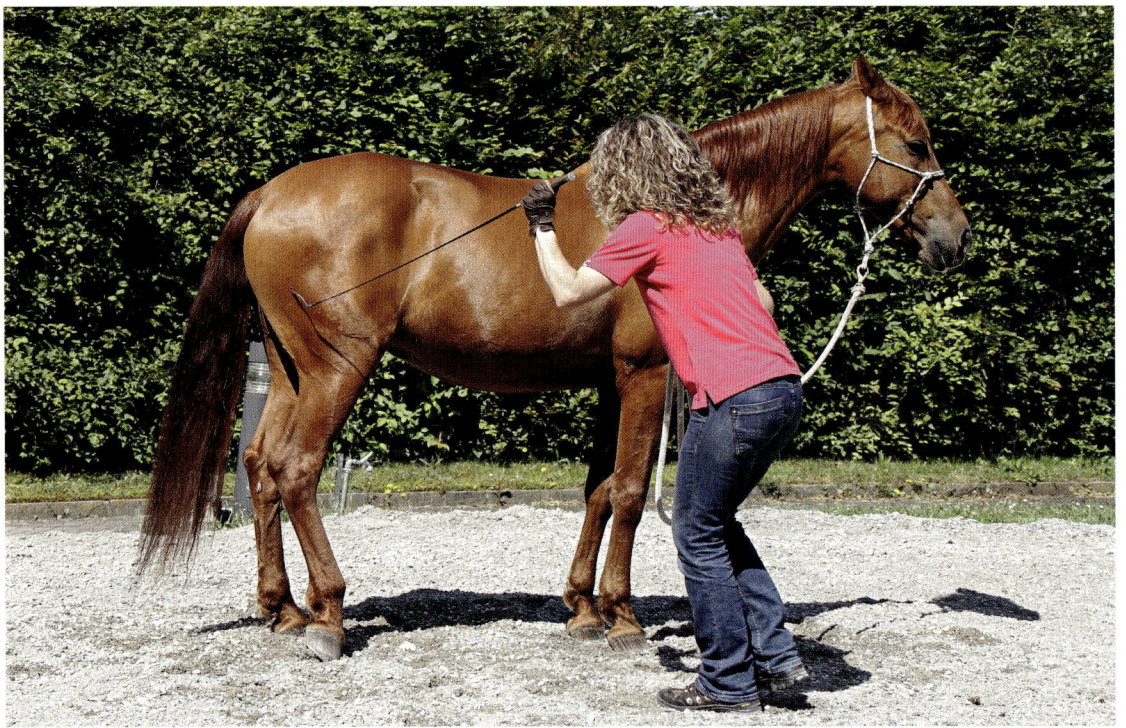

Vorübungen: Handling des Seils

Schwingen des Seilpropellers

Arbeiten Sie mit Hilfe von gut sichtbaren, aber immer wieder mal unterschiedlichen Markierungen. Malen Sie zum Beispiel mit Kreide eine Zielscheibe an eine Wand oder einen Zaun oder befestigen Sie ein Tuch. Je kleiner die Markierung, umso schwieriger. Nun fassen Sie das Seil mit einer Hand am Haken oder an der Öse, mit der anderen Hand nehmen Sie ein circa ein Meter langes Seilstück am anderen Ende. Dieses Ende mit dem kleinen Lederzipper schwingen Sie zur Übung nun unterschiedlich schnell bzw. mit unterschiedlicher Intensität.

Achten Sie besonders darauf, wohin das Lederende genau hinzielt. Versuchen Sie bei jedem Schwung, Ihre Markierung zu treffen. Je besser Ihnen das

gelingt, umso eher haben Sie Zeit, auch noch darauf zu achten, dass Ihre Fußspitzen, Ihr Bauchnabel und Ihr Brustbein ebenso wie das schwingende Seilende zur Markierung hinzeigen. So konzentrieren Sie Ihre ganze Energie, die Sie dann ins Seil legen. Letztlich ist das Seil nur unsere „Telefonleitung", durch welche wir unsere Informationen ans Ziel senden.

Sich mit allen Sinnen genau auf einen Punkt ausrichten – das brauchen Sie bei Bodenarbeit genauso wie beim Reiten.

Üben Sie sich darin, die Handhabung des Seils immer weiter zu perfektionieren. Wird das Seil zu einem „Teil von Ihnen", wirkt es überzeugender.

Arbeiten Sie mit Spiel-
zeug: So können Sie
Genauigkeit und präzi-
ses Zielen üben, bevor
Sie Ihr Pferd damit über-
raschen …

Energie reduzieren

Üben Sie ebenso das sofortige Abziehen
von Seilenergie. Auf ein bestimmtes
Wort oder Signal hin müssen Sie sofort
Ihr Schwingen unterbrechen, die Hände senken und sich entspannen.

Handwechsel

Üben Sie das schnelle Hin- und Her-
wechseln des Seils von einer Hand in die
andere. Versuchen Sie dies mit kleinen
und weichen Bewegungen. Vielleicht
gelingt das bald, ohne dass Sie Ihre Markierung dabei aus den Augen lassen?

Flaschenzielen

Stellen Sie eine Reihe von leeren Petfla-
schen in einer Reihe auf den Boden.
Nun versuchen Sie, mit jedem Seilschwingen eine nach der anderen um-
zuwerfen. Weil Sie dabei dauernd Ihre
Position leicht verändern müssen, trainieren Sie so Ihre schnelle Anpas-
sungsfähigkeit.

Lattenzielen

Auch ein Gartenzaun mit senkrecht stehenden Holzlatten ist ein guter Trai-
ningspartner. Bei jedem Schwingen treffen Sie eine Holzlatte nach der anderen.

Energiesteigerung

Sind Sie in der Lage, immer mehr Intensität in Ihre Aktionen zu legen? Zählen Sie
im Sekundentakt mit. Alle zwei bis drei
Sekunden steigern Sie die Intensität.

Seiltanz

Können Sie beim stetigen Schwingen
des Seils ein paar Schritte hin- und hergehen ohne Ihr Ziel zu verlieren?

Gerte/Stick

Alle diese Zielübungen eignen sich ebenso für den sicheren Umgang mit Gerte
oder Stick.

Seil plus Gerte/Stick

Und manchmal haben Sie Seil UND
Gerte/Stick in einer Hand …

Rechts und links

Wie immer: Trainieren Sie mit beiden
Seiten. Als Rechtshänder müssen Sie
auch mit der linken Hand fit sein.

Pferdspielen

Die Partnerübung „zweiteiliges Pferd"
hilft Ihnen, das Gefühl für das Dirigieren von Vor- und Hinterhand noch mehr
zu verbessern.

Mit dem Seil auf Hütchen zielen und sie umwerfen – gar nicht so einfach!

Führen Sie Ihr Pferd zu Beginn am Halfter: Stimmt die Kopfposition, dann lässt sich daraus leichter auch der Rest des Körpers ausrichten.

Übungen kombinieren

Seitwärts

Gerne vermitteln wir diese komplexe Bewegung, wenn die Basisübungen bei den Schülern technisch schon etwas gefestigt und beim Pferd entsprechend fein abzurufen sind. Seitwärtsbewegungen gehören für uns klar von der Gymnastizierung her auch zu den Basisübungen. Wir möchten aber allen Beteiligten, menschlichen und vierbeinigen Schülern das Lernen leichter machen und lassen sie in kleinen, überschaubaren Schritten arbeiten. Seitwärtsbewegungen setzen sich aus dem Verschieben der Vorhand und der Hinterhand zusammen. Wenn diese als Einzelelement gut klappen, können wir sie kombinieren. Harzt es noch in einem der Teile, wird das Pferd nur mühsam seitwärts treten.

Hier kommt das Prinzip der „Kunst der kleinen Schritte" enorm zum Tragen. Wenn die kleinen Teile stimmen, sind größere Aufgaben leichter zu erreichen.

Seitwärts ist für Pferde von der Balance her schwierig. Das Überkreuzen der Beine (oder eines Beinpaares) setzt bereits etwas Körpergefühl und Gleichgewicht voraus. Zudem vermeidet das Fluchttier instinktiv Bewegungen, die seine Fluchtfähigkeit einschränken. Ruhiges Seitwärtstreten ist aus diesem Grund auch immer ein Gradmesser für das Vertrauen, das uns ein Pferd entgegenbringt.

So geht es

Beginnen Sie mit dem Seitwärts, indem Sie Ihrem Pferd eine „Leitplanke" zur Orientierung anbieten. Führen Sie Ihr Pferd an einen Zaun oder vor eine Wand und dirigieren Sie es so, dass Sie seitlich vom Pferd auf dem Hufschlag stehen. Richten Sie den Pferdekopf etwas nach außen in Gehrichtung, sodass das Pferd schräg vor der Wand steht. Führen Sie das Pferd mit der einen Hand am Halfter, die andere treibt in der Schenkellage des Pferdes. Sie können es mit der Hand anstubsen, etwas schnalzen oder auch mit einem Seilschwingen antreiben.

Belohnen Sie auch hier wieder jeden richtigen Ansatz. Das Pferd wird vielleicht zuerst zögern, weil es ja von vorne durch den Zaun oder Bande begrenzt wird. Helfen Sie ihm mit sanftem Schieben am Halfter, den Weg in Richtung Hufschlag zu finden. Hat es das verstanden, müssen Sie aber gleich dafür sorgen, dass Ihr Pferd sich nicht einfach wieder gerade auf den Hufschlag längs der Wand vorwärtsbewegt, sondern dass das Verschieben der Hinterhand weiter gefragt ist.

Haben Sie Geduld: Ihr Pferd wird bald verstehen, dass es sowohl Vorhand als auch Hinterhand beinahe zeitgleich verschieben soll und sich auf diese Weise seitwärts bewegen. Bestätigen Sie den allerersten Ansatz, auch wenn es noch etwas „torkelig" aussieht. Sie ermutigen damit Ihr Pferd, dass es sich auf der richtigen Spur befindet.

Bagheero hilft die blaue Matte als Begrenzung und zur besseren Orientierung beim Seitwärtstreten.

Mit der Zeit können Sie mehrere Schritte hintereinander verlangen. Auch die Qualität und der Bewegungsfluss nehmen zu. Bald können Sie auch ohne Begrenzung arbeiten.

Wir empfehlen Ihnen, die begrenzenden Elemente langsam abzubauen: Bleiben Sie zunächst in der Nähe der Wand, aber auf dem 2. Hufschlag. Oder begrenzen Sie mit Stangen. Auch die umgekehrte Möglichkeit, das Pferd mit der Hinterhand längs des Zauns zu verschieben, bietet neue Anregungen.

Zu Beginn achten wir darauf, dass das Pferd in seiner Längsachse gerade sein darf: In puncto Balance ist das fürs Pferd etwas einfacher.

Je weiter fortgeschritten das Pferd ist und damit umso wendiger und beweglicher, desto eher können wir beim Seitwärtstreten auch Innen- oder Außenstellung verlangen. Diese Übung kann zunehmend auch auf immer mehr Distanz zum Pferd ausgeführt werden.

Auswickeln

Eine andere Kombination von gleichzeitigem Vor- und Hinterhand verschieben ist das „Auswickeln" des Pferdes. Das ist eine durchaus kreative Übung und macht auch richtig Spaß. Das Pferd muss sich dabei einmal um 360 Grad um sich selbst drehen. Für das Pferd ist diese Übung in Bezug auf Balance und vor allem der Koordination, dem Zusammenspiel von Vor- und Hinterhand, sehr anspruchsvoll. Zu Beginn ist es oft auch ungewohnt für das Pferd. Es ist eine Konterbewegung, das heißt, das Pferd bewegt sich zur „ungewohnten" Seite, also von uns weg.

So geht es

Für diese Übung brauchen Sie ein gut drei bis vier Meter langes Führseil. Ihr Pferd sollte mit Seilen, die seinen Körper berühren, entspannt und vertraut sein.

Legen Sie nun, am Kopf beginnend, das Seil auf der anderen Seite des Pferdes um seinen Körper, führen es um seine Hinterhand und behalten das Ende bei sich. Es ist einfacher, wenn Sie beim Seilvorbereiten auf Ihrer Seite des Pferdes bleiben und das Seil zur anderen Seite hinüberlegen.

Bleiben Sie auf Schulterhöhe des Pferdes stehen, schauen Sie in Blickrichtung des Pferdes und beginnen Sie nun sanft, aber kontinuierlich, am Seil zu ziehen.

Auswickeln aus dem Seil vom Menschen weg ist ungewohnt. Hilfen am Halfter zum Starten sind erlaubt.

Ist die Übung ganz neu, können Sie Ihrem Pferd „Starthilfe" geben, indem Sie ihm mit sanfter Berührung an der Nase zeigen, in welche Richtung es sich bewegen soll. Danach folgt es dem stetigen, aber leichten Zug des Seils.

Ziel der Übung ist es, dass Sie selber stehen bleiben können und sich Ihr Pferd in flüssiger, weicher Bewegung um seine eigene Achse dreht. Beobachten Sie dabei, ob sich Vor- und Hinterhand gleichzeitig bewegen oder ob die Bewegung eckig und unkoordiniert wirkt. Perfekt ausgeführt steht Ihr Pferd am Ende wieder so neben Ihrer Schulter wie Sie mit der Übung begonnen haben.

Kreisspiel

Dies ist eine gute Koordinationsübung für Vor- und Hinterhand: Starten Sie mit der Übung Hinterhand verschieben, am besten klappt es anfangs mit Hilfe einer kurzen Gerte.

So geht es

Fordern Sie Ihr Pferd auf, ruhig, aber flüssig, mit der Hinterhand deutlich überzutreten. Gehen Sie selber dabei auf die Hinterhand zu, laufen Sie einen kleinen Bogen. Beginnt Ihr Pferd deutlich zu kreuzen, dann tauchen Sie unter dem Hals des Pferdes hindurch zu seiner anderen Seite und schieben mit der Gerte nicht mehr die Hinterhand an, sondern verschieben die Vorhand. Das Pferd dreht sich dabei in dieselbe Richtung wie bisher, aber der Bewegungsimpuls wechselt dabei von der Hinterhand zur Vorhand. Wichtig dabei ist, dass Sie ebenfalls in gleichmäßiger Bewegung Ihren Kreisbogen in Richtung der Hinterhand Ihres Pferdes weitergehen. Wechseln Sie nicht die Richtung.

Begrenzen Sie den Bewegungsradius der Übung mit Stangen, Matten oder Hütchen, um zu kontrollieren, ob Sie sich mit Ihrem Pferd wirklich auf der Stelle gedreht haben.

Stellen Sie ein „Weglaufen" fest, war das Vor- oder Hinterhandverschieben noch nicht ganz korrekt.

Üben Sie in diesem Fall ruhig noch einmal die Einzelelemente Vorhand- und Hinterhandverschieben und achten Sie darauf, ob sich da noch kleine Unsauberkeiten finden. Diese zeigen sich dann nämlich in der komplexen Bewegung.

Perfekt ausgeführt, dreht sich das Pferd wirklich auf der Stelle einmal um sich selbst und kommt dann genau neben dem Menschen wieder zum Stehen.

So lernt Bagheero, wie seine Hinterhand und Vorhand besser zusammenspielen: Zuerst weicht die Hinterhand aktiv ...

ger ist das „Weichen" in unsere Richtung. Hier wird von der uns abgewandten Seite auf den Pferdekörper Druck ausgeübt. Dieser muss so gerichtet sein, dass das Pferd auf uns zukommt.

Es sind eigentlich dieselben Übungen, die wir vom Vor- und Hinterhandweichen kennen, nur soll sich das Pferd zu uns hinbewegen. Das kann schwerer sein, weil Pferde als Fluchttiere nur mit vertrauten Mitgliedern Nähe suchen. Zeigt sich das Pferd also willens, den Abstand zu unserem Körper zu verringern, ist das schon auch ein Kompliment in puncto Vertrauen. Auch koordinativ ist

Konterübungen

Es ist für Pferde recht einfach, auf einen auf ihren Körper gerichteten Druck mit Wegdrehen zu reagieren. Es ist eine für den Körper beinahe reflexartige Reaktion. Auch ist das Anwenden und sofortige Herabsetzen von Druck für den Körper leicht verständlich. Setzen wir unsere Körpersprache zusätzlich ein, hat das eine sehr starke Wirkung.

Schnell haben die Pferde gelernt, dass sie weichen sollen, wenn wir uns ihnen zuwenden. Auch die physische Nähe des Menschen wirkt auf den Pferdekörper bereits druckvoll. Schwieri-

diese Bewegung anspruchsvoller, da das Pferd die Muskulatur über die Körpermitte hinweg „ansteuern" muss.

So geht es

Rüsten Sie sich am besten mit einer kurzen Fahrpeitsche aus. Diese ist wesentlich kürzer als eine Longiergerte und hat einen kurzen Schlag. Auch ein Stick mit Seilchen geht natürlich. Probieren Sie aus, was Ihnen am besten in der Hand liegt.

Stellen Sie sich beinahe frontal neben den Pferdekopf. Halten Sie das Seil kurz. Nun greifen Sie mit der Peitsche

... und in der Bewegung wird nun die Vorhand verschoben. Ein schöner Balanceakt!

Stellen Sie den Pferdekopf ruhig etwas nach außen, dann kann das Pferd leichter mit der Hinterhand seitlich treten.

über den Rücken des Pferdes und berühren mit dem kurzen Schlag die Hinterhand seitlich auf der gegenüberliegenden Seite. Tippen Sie die Hinterhand wiederholt leicht an, sodass die Berührung seitlich erfolgt, zu Ihnen hin.

Reagiert das Pferd nicht gleich, machen Sie weiter. Achten Sie auf das kleinste Zeichen einer minimalen Gewichtsverlagerung der Hinterhand. Dann ziehen Sie sofort die Peitsche zurück und loben Ihr Pferd ausgiebig.

Mit der Zeit braucht es immer weniger Signale, bis Ihr Pferd bereits auf ein Anheben der Gerte in Richtung Hinterhand seitwärtstritt.

Diese Übung ist eine spielerische Variante und für Pferd und Mensch koordinativ etwas anspruchsvoller. Auch ist es eine schöne Möglichkeit, sich das Pferd „zurechtzuparken", wenn Sie aufsteigen wollen. Sie können sich Ihr Pferd an eine Aufsteigehilfe heranstellen.

Wenn Ihr Pferd diese Übung im Stehen schon gut kann, dann versuchen Sie es gerne auch im Gehen. Es sieht aus wie die umgekehrte Variante des Seitwärtsgehens. Damit der Einstieg leicht klappt, können Sie auch wieder die Bande oder den Zaun als Begleithilfe nehmen. Führen Sie Ihr Pferd wieder zum Zaun und stellen es mit dem Kopf zum Zaun hin auf.

Machen Sie sich klar, dass sich das Pferd nun auf Sie zubewegen wird, das heißt, der Kopf ist nun näher bei Ihnen, die Abstellung zum Zaun ist leicht schräg (circa 45 Grad). Sie fixieren wieder leicht den Kopf mit dem Halfter, geben lockende Impulse zu Ihnen hin und lassen gleichzeitig die Hinterhand mit der Gerte zu sich weichen mit dem nun bekannten Signal zum Übertreten. Versteht Ihr Pferd gleich, was Sie wollen, lassen Sie es ein, zwei Schritte machen und loben es ausgiebig.

Was tun, wenn es nicht funktioniert?

Das Pferd reagiert nicht

Haben Sie Geduld und nutzen Sie die „Schmeißfliegentechnik": Streifen Sie das Pferd so lang mit dem kurzen Seilende Ihrer Gerte, bis es irgendwann vielleicht doch reagiert.

Wiederholen Sie nochmals das direkte Weichen an der Hinterhand auf derjenigen Seite, auf der Sie mit der Konterbewegung beginnen wollen. Erklären Sie ihm nochmals, was für eine Bewegung Sie wollen.

Holen Sie sich Hilfe: Sie bringen sich in Position und Ihr Helfer macht von der anderen Seite genau so viel, um das Pferd gemeinsam zum Weichen zu bringen. Loben Sie überschwänglich. Nach und nach verringert der Helfer seinen Einfluss.

Viel leichter ist das Weichen mit der Hinterhand ebenfalls, wenn Sie zu Anfang den Kopf deutlich nach außen – von Ihnen weg – überstellen und dann erst mit der Gerte die Seitwärtsbewegung anfragen.

Das Pferd versucht, vorwärts zu gehen

Überprüfen Sie Ihre Position zum Pferd und Ihre treibende Hilfe: Stellen Sie sich deutlich vorne ans Pferd, sodass Sie bremsen können. Ihre Hilfengebung mit der Gerte muss deutlich seitwärts auf die Hinterhand einwirken.

Hat das alles keine Wirkung, dann helfen Sie sich mit einer Begrenzung vor der Pferdenase: Parken Sie Ihr Pferd vor einer Stange oder einem Zaun.

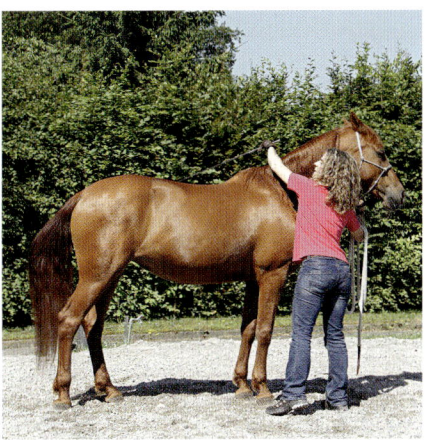

Haben Sie Geduld ...

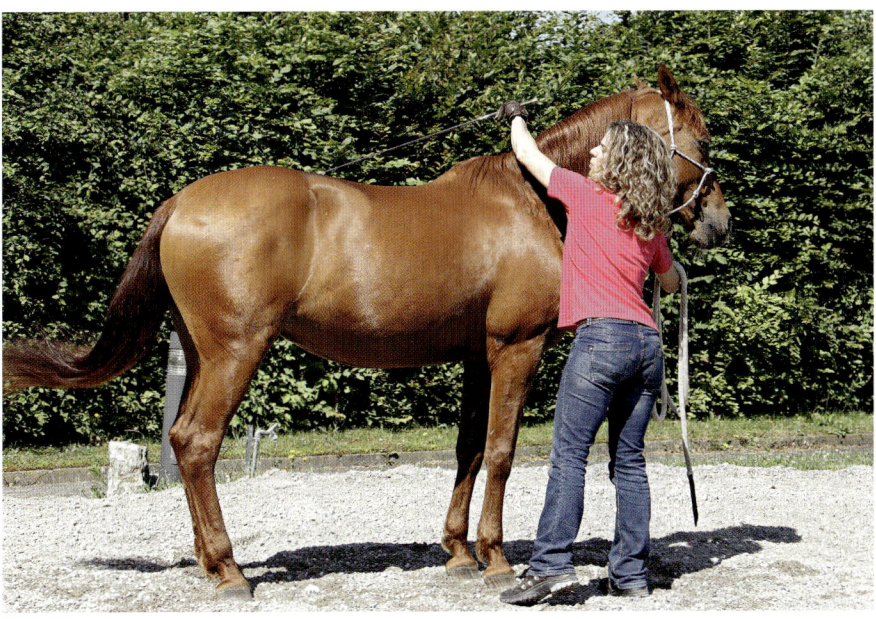

Langsam lernt Fabiola, wie sie ihre Beine sortieren muss. Bestätigen Sie immer auch die kleinsten Schritte.

Ein guter Freund von uns beschreibt das kompetente Führen eines Pferdes so: Führen heißt, dass der Mensch im Falle von Gefahr dem Pferd zeigen kann, in welche Richtung geflüchtet wird. Er übernimmt somit die Verantwortung für Sicherheit und Überleben der „Herde". Was wir als Mensch tun, muss also in den Augen der Pferde so überzeugend sein, dass sie uns ihr Leben anvertrauen – eine stattliche Aufgabe!

In diesem Thema steckt ein ganzes Universum. Werter Leser, bitte sehen Sie es uns nach, wenn wir es nicht umfassend behandeln können: Es würde den Rahmen dieses Buches sprengen ...

In unserer täglichen Arbeit mit Menschen und Pferden erleben wir kleinere und größere Probleme zwischen den beiden. Schauen wir genauer hin, sind es zum größten Teil Probleme mit dem Thema Führen.

Einerseits bestehen sie aus technischen Schwierigkeiten, dem Handling, und andererseits auch aus der Herausforderung mental zu führen. Die Führungsrolle dem Pferd gegenüber übernehmen – das ist heute bekannt und verbreitet. Aber es ist deshalb nicht weniger schwierig!

Wenn die Pferde uns also glauben sollen und damit tun, was wir sagen, dürfen wir sie nicht leichtfertig enttäuschen oder gar bluffen.

Das ist ein Vertrauensmissbrauch, der für das nach Sicherheit strebende Fluchttier schwerwiegend ist. Für die Pferde ist es nicht leicht zu unterscheiden, wann es sich um einen „Ernstfall" oder leider nur um Ungeschicklichkeit oder Üben unsererseits handelt.

Nehmen Sie Ihr Pferd „in die Hand" und helfen Sie ihm zu verstehen, wie und was es genau tun soll. Führen Sie es da, wo es Hilfe braucht.

Verständnis – Ja, für die Pferde!
Aus diesem Grund widerstrebt uns auch die menschlich verbreitete Haltung „Der weiß ja schon, dass ich es gar nicht so ernst meine, der versteht das schon!"

Damit kaschieren wir dann unseren Mangel an Willen zu üben, uns mehr Mühe zu geben, uns zu konzentrieren, immer wieder neu zu lernen. Es ist uns oft zu mühsam, wir sind träge und erwarten dann „Verständnis" vom Pferd.

Bringt es uns aber kein „Verständnis" entgegen, sondern reagiert verwirrt, irritiert, verschreckt oder lustlos, dann schieben wir ihm die Schuld in die Schuhe: „Der will mal wieder nicht!"

Lieber Leser, dafür haben wir kein Verständnis!

Ein Phänomen, das wir bei Führungsproblemen immer wieder sehen, ist die mentale Verfassung der Führpersonen. Es handelt sich selten um einen Mangel an Intelligenz oder auch an Pferdewissen. Die heutigen Freizeitreiter sind sogar auf einem recht hohen Niveau, was Wissen angeht. Ein großes Angebot an Kursen und fachspezifischen Seminaren wird rege genutzt – was für eine Chance!

Sind Sie auf „ON" geschaltet?
Dieses Phänomen könnte man vielleicht das „Phänomen des Mangels" nennen. Um gerecht zu sein, schließen wir uns mit ein. Wir Menschen sind im Vergleich mit Pferden extrem träge. Wir können uns schlecht konzentrieren und unsere Präsenz für Lebewesen und in Situationen ist noch schlechter.

Wir mögen dieses Wort – Präsenz – sehr gern. Es trifft am besten die Grundhaltung, die wir uns aneignen sollten, wenn wir in den Augen der Pferde gut und überzeugend führen wollen. Wir müssen lernen, immer besser im Hier und Jetzt zu sein, im „Präsens", mit hundertprozentiger Konzentration und Wahrnehmung. Alle Sensoren müssen auf Senden und Empfangen geschaltet sein, unser Körper geschmeidig, gesund und aktionsbereit.

Lieber Leser, sind Sie auch manchmal so schlapp, wenn Sie am Ende eines ganz normalen Tages noch was mit Ihrem Pferd tun m…, entschuldigen Sie, tun dürfen?

Manchmal sind Wachheit, freudige Spannung und Überblick einfach ein Witz.

Noch schlimmer, wenn wir Ihnen nun mit diesem Buch um die Ohren hauen, dass das Pferd darauf keine Rücksicht nimmt! Ist ja voll der Ablöscher!

Lieber Leser, trösten Sie sich, uns geht es manchmal auch so – und wir dürfen ja den ganzen Tag mit den Pferden herumspielen! Es ist einfach menschlich!

Das ist der Grund, warum wir das Thema aber auch als Phänomen ansprechen: Es wirkt wie von einem anderen Stern.

Wir müssen lernen, etwas weniger zu „menscheln". Damit können die Pferde nichts anfangen und das wichtige Thema vom Verständnis hatten wir ja schon …

Wenn Sie aber wahre Überflieger werden wollen und unglaubliche Erlebnisse haben wollen, dann können wir Ihnen hier Mut machen: Präsenter zu werden können Sie lernen – und die Pferde reagieren wirklich phänomenal darauf!

Was Pferde wollen

Präsenz – sich absolut voll und ganz auf die aktuelle Situation einzulassen, völlig wach und aufmerksam zu sein, beinahe das „Gras wachsen hören", hundertprozentig bei Ihrem Pferd zu sein – genau das ist die Qualität, die gut führen ausmacht. Pferde wollen manchmal vor allem wissen, ob wir eben präsent sind. Wenn Sie feststellen, dass wir das geringste Ohrzucken, das leichte Drehen der Augäpfel, das scheinbar zufällige Verlagern des Gewichts registriert haben, ist das genau das, was sie wissen wollten: wie gut unsere Fähigkeit ist, rechtzeitig Gefahren oder Probleme zu erkennen.

Manchmal entspannen sie sich bereits in dem Moment, wo sie feststellen, dass wir auf „ON" sind.

Führung da, wo sie Sinn ergibt – das bedeutet nicht, Selbstständigkeit und gesundes Selbstbewusstsein zu unterdrücken, sondern stückweise zu fördern.

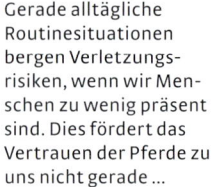
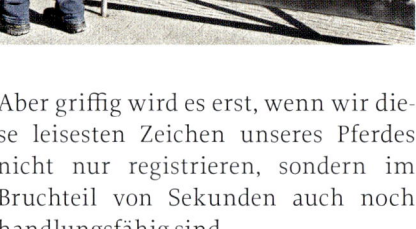

Gerade alltägliche Routinesituationen bergen Verletzungsrisiken, wenn wir Menschen zu wenig präsent sind. Dies fördert das Vertrauen der Pferde zu uns nicht gerade ...

Aber griffig wird es erst, wenn wir diese leisesten Zeichen unseres Pferdes nicht nur registrieren, sondern im Bruchteil von Sekunden auch noch handlungsfähig sind.

Eigentlich ist die Zeitspanne, in der mehrere Dinge gleichzeitig ablaufen müssten, real gesehen viel zu kurz.

Es gelingt uns nicht, einen Schüler, der noch nicht auf solche Prozesse geschult ist, durch diesen Moment „hindurchzusoufflieren": Es geht viel zu schnell! Bis dann die Botschaft des Menschen noch beim Pferd passend angekommen ist, vergehen im Pferdeuniversum Stuuuuunden ...!

So viel läuft in so kurzer Zeit ab

Trotzdem wagen wir uns hier mal an eine Kurzbeschreibung von Dingen, die in einen Zeitraum eines Lidschlags passen sollten:

Sie befinden sich in der Halle mit Ihrem Pferd, es trägt Halfter und Seil, Sie spazieren umher. Es ist ruhig auf dem Hof, nur die Schritte Ihres Pferdes machen ein leises Geräusch im Sand. Sie hören Ihren eigenen Atem, Ihr Pferd schnaubt ab, stößt einen Seufzer aus, Sie geben das Kommando zum Anhalten.

Sie registrieren die Ruhe und Entspannung, mit der Sie beide zum Ste-

hen gekommen sind. Sie machen sich gedanklich bereit, das Kommando zum Antreten zu geben, als Sie ein kaum hörbares Geräusch von der hinteren Tür her wahrnehmen. Es ist zu gering, um es als Geräusch zu bezeichnen. Sie aber sind hellwach, animieren Ihr Pferd mit ruhiger Stimme zum Schritt und dazu, das Schritttempo zu halten, gleichzeitig bewegen Sie sich selber mit deutlich rhythmischeren Schritten, während Sie die hintere Tür schräg ansteuern. Nochmals ein Anhalten, nochmals ein Antreten. In diesem Moment scharrt es deutlich hinter der Tür. Der Kopf Ihres Pferdes fährt herum. Sie zucken nicht mal zusammen, sondern ermuntern Ihr Pferd genau auf Ihrer Höhe weiterzugehen, das Tempo fleißig zu halten. Und Ihr Pferd beeilt sich, sein kurzes Zögern wieder wettzumachen und geht ruhig weiter.

Sie waren im Geist bereits vorgewarnt, haben sofort mehr Klarheit ins Gehmuster gebracht, um die mentale Verbindung zu Ihrem Pferd gleich zu verstärken. Sie haben innerhalb von Sekundenbruchteilen entscheiden müssen, in welche Richtung Sie mit Ihrem Pferd gehen oder ob Sie überhaupt gehen oder anhalten wollten. Sie haben die Entscheidung getroffen, weiter

Viele Situationen in unserem Alltag haben mit Führung zu tun – verständlich machen, wo es hingeht.

zu gehen, da anhalten und angespannt horchen einer für Pferde typischen Gefahrensituation vorausgeht. Also weitergehen, aber wohin? Von der Gefahr weggehen ist typisches Fluchttierverhalten. Also halb in Richtung der möglichen „Gefahr", so, dass Sie und Ihr Pferd diese gut sehen können. Aber Sie wollen sich der Ursache auch nicht zu stark nähern, da Sie ja auch nicht wissen, um was es sich handelt.

Sehen Sie, wie viel Aufmerksamkeit schenken, Entscheidung treffen, abwägen müssen und dann auch noch ausführen in einer völlig banalen Alltagssituation stecken?

Wenn Sie diese aber so wie beschrieben meistern, wird Ihr Pferd sehr beeindruckt von Ihrer ruhigen, kompetenten Art des Führens sein. In der nächsten Situation wird es vielleicht schon deshalb gelassener bleiben.

Das sind die Dinge, die in der Welt der Pferde eine Rolle spielen.

Sie scheinen banal zu sein, fordern von uns aber ein Höchstmaß an – eben Präsenz! Und die ist anstrengend!!

Präsenz lernen

Wenn Sie sich in den nächsten Tagen einmal bewusst darum bemühen, vor allem in den alltäglichen Situationen

präsenter zu sein und Dinge neu wahrzunehmen, dann werden sich vielleicht genau die Situationen im Alltag, die Sie so „nerven" oder die Sie insgeheim fürchten, wo Ihr Pferd „Probleme macht", auf wundersame Weise entspannen.

Es ist eine Frage der geistigen Positionierung. Und aus dieser folgt die physische Klarheit.

Eine bessere Präsenz zu erlernen ist ein Stück Übungssache: Am leichtesten verbessern Sie sich, wenn Sie gerade den Alltagssituationen mehr Aufmerksamkeit und Sorgfalt angedeihen lassen. Überprüfen Sie, wo Sie durch Routine unachtsam werden, und beobachten Sie sich und das Pferd dabei neu.

Präsenter zu werden ist aber auch abhängig davon, dass Sie sich entscheiden, wacher und achtsamer zu sein. Sie

Info | Führungsqualität

Gutes Führen heißt in den Augen eines Pferdes gut führen. Oft wollen die Pferde einfach nur wissen, wie gut wir sind in Sachen Präsenz: Sie messen unsere Qualitäten nicht daran, was wir wissen oder können, sondern ob wir hundertprozentig für sie da sind.

müssen sich klar sein, dass es im Zusammensein mit Pferden auch permanent wieder um neue Entscheidungen geht, die Sie treffen müssen, wenn Sie gut führen wollen. Entscheidungen treffen heißt eine Situation einschätzen und dann einen Weg wählen – und oft stehen Sie dabei noch unter Zeitdruck … Das ist wiederum anstrengend. Auch hier ist schon wieder eine Entscheidung gefragt: Wollen Sie sich anstrengen?

Vielleicht wundern Sie sich, dass so viel drin steckt in der Pferdearbeit. Sie werden sehen, wenn Sie sich darauf einlassen, wie viel spannender und tiefgründiger und intensiver Ihr Kontakt zu Ihrem Pferd wird! Und das macht richtig Spaß!

Vier Führpositionen

Gutes Führen müssen wir lernen. Für uns steht dieses Thema deshalb ganz zu Beginn der Ausbildung von Pferd und Reiter. Schnurhalfter und Leitseil sind gute Arbeitswerkzeuge, führen zu üben.

Wir unterscheiden vier verschiedene Führpositionen:
> Erste Führposition: vor dem Pferd, das Pferd folgt mit einem Abstand von circa einem Meter in der Spur des Menschen
> Zweite Führposition: seitlich neben dem Pferdekopf
> Dritte Führposition: seitlich neben dem Pferd auf Höhe der Gurtlage
> Vierte Führposition: auf Höhe der Hinterhand oder hinter dem Pferd

Je nach Situation oder Arbeitsthema können Sie eine bestimmte Führposition wählen. Die Nummerierung heißt nicht, dass Sie in einer Reihenfolge üben müssen. Im Folgenden möchten wir Ihnen erklären, wie sich die Führpositionen einsetzen lassen.

Erste Führposition

Diese Position vor dem Pferdekopf wirkt sehr absolut. Wir stellen uns im wahrsten Sinne des Wortes an die erste Stelle. Wir machen klar, dass wir Führungsanspruch erheben, indem wir das Pferd klar hinter unserer Schulter gehen lassen. Wird dieser Führungsanspruch angezweifelt oder angetastet, dann machen wir sehr deutlich, wer wo gehen darf: Wir sind vorne, dann mit etwas Abstand das Pferd hinter uns.

Für viele Pferde können wir so sehr deutlich machen, wer welche Position innerhalb der Herde innehat.

Bei Pferden, die zu extremem Losrennen oder Steigen neigen, ist die erste Führposition nicht ideal, da wir ungute Ansätze oft zu spät sehen können. Eine Leitstute hat hier klar Vorteile, da sie ein weit größeres Gesichtsfeld als wir Menschen besitzt.

So geht es

Für die erste Führposition stellen Sie sich direkt vor die Pferdenase, mit dem Rücken zum Pferd. Halten Sie das Seil locker mit beiden Händen hinter dem Rücken. Nun gehen Sie selber los, gehen Sie ein normales Tempo und erwarten Sie, dass Ihr Pferd Ihnen folgt.

Für das Pferd ist es natürlich, Ihrer Schulterlinie zu folgen. Oft braucht es kaum Zug am Seil, damit sich die Pferde in Bewegung setzen. Ideal ist es, wenn das Pferd einen Abstand zu Ihnen von circa einem Meter einhält. So ist auch bei einem Stolpern oder Erschrecken ein Sicherheitsabstand gegeben. Sie dürfen ruhig über die Schulter schielen, um zu prüfen, wo und wie Ihr Pferd Ihnen folgt. So können Sie frühzeitig reagieren, wenn Ihr Pferd andere Ideen hat. Sie dürfen Ihre Körperspra-

Vier verschiedene
Führpositionen – je
nach Situation sinnvoll.

che ruhig etwas übertreiben: Gehen Sie sehr aufrecht, ziehen Sie die Schultern auseinander und machen Sie rhythmische Schritte.

Fragen Sie Ihr Pferd auch nach einem Stopp: Bereiten Sie das Anhalten über die Körpersprache sehr deutlich vor, atmen Sie aus und helfen Sie ruhig auch mit einem Stimmkommando nach. Das Pferd soll hinter Ihrem Rücken, immer noch mit Abstand zu Ihnen, anhalten. Bereiten Sie sich wie immer gedanklich auf das vor, was Sie tun möchten.

Was tun, wenn es nicht funktioniert?
Das Pferd folgt nicht nach

Gehen Sie mit einer Selbstverständlichkeit los, als ob es das Normalste der Welt sei, dass Ihr Pferd auch mitkommt. Wenn nötig geben Sie einen Impuls am Seil, lassen aber sofort locker, wenn Ihr Pferd nachkommt. Wenn es mehr Zug am Seil braucht, dann tun Sie das, gehen Sie aber selbst demonstrativ weiter. Animieren Sie das Pferd dadurch, sich ebenfalls zu bewegen. Wenn nötig, treten Sie auf der Stelle.

Auch im Gelände muss
unser Pferd zuverlässig
hinter uns gehen können.

„Bleib hinter mir!"

Das Pferd möchte überholen

Ihr Pferd soll hinter Ihrer Schulterlinie bleiben. Um rechtzeitig zu agieren, spähen Sie immer wieder links oder rechts über Ihre Schulter, um zu sehen, was das Pferd gerade tut. Besonders in Kurven ist es besonders verlockend für das Pferd, innen zu überholen. Es fragt Sie damit nach einem Führungswechsel. Machen Sie sich beim Gehen groß und breit, stellen Sie die Ellbogen heraus oder strecken sogar seitlich den Arm aus, um zu demonstrieren, dass es kein Durchkommen gibt.

Achten Sie auch genau darauf, wohin Sie Ihr Pferd möglicherweise mit dem Seil ziehen. Richten Sie die Pferdenase immer wieder schön aus hinter Ihre Schulter.

Das Pferd geht nicht genau in Ihrer Spur, sondern etwas seitlich versetzt

Diese subtile Form, nicht genau zu tun, was wir möchten, ist verbreitet und völlig normal. Zweifelt das Pferd an unseren Führungsqualitäten, dann geht es „lieber seiner eigenen Wege". Korrigieren Sie auch solche „Details", da diese eine hohe Bedeutung haben. Seien Sie fair mit Ihrem Pferd, indem Sie ihm klare Informationen geben, was es genau tun soll.

Das Pferd kommt immer zu nah

Auch Drängeln ist normal. Hier muss das Pferd lernen, einen Respektabstand von mindestens einem Meter zu unserem Körper zu wahren. Dieser gilt rund um unseren Körper. Reagieren Sie also frühzeitig, genau in dem Moment, in dem das Pferd beschleunigt: Korrigieren Sie es mit der Stimme („Nein!!"), wedeln Sie mit den Ellbogen und tun Sie was nötig ist, um den Abstand zu halten.

Im Idealfall geht dies, während Sie weitergehen. Ist Ihr Pferd schon zu nah, müssen Sie größeren Aufwand betreiben, bis Ihr Pferd wieder genügend Abstand hat. Wenn Sie dem Näherkommen vorbeugen können, ist es wesentlich leichter. Genau da liegt aber oft unser Thema: Wir waren zu wenig aufmerksam und kommen zu spät mit der Korrektur …

Das Pferd bleibt nicht stehen

Leiten Sie frühzeitig über Stimme, überdeutliche Körpersprache und eventuellem Verlangsamen Ihres Gehtempos das Anhalten ein. Reagiert Ihr Pferd nicht, steigern Sie die nötige Energie, wedeln Sie mit den Armen, stampfen Sie auf den Boden, machen Sie sich bemerkbar. Auch hier sind die Hauptfallen die mangelnde Aufmerksamkeit und das Timing: Sie haben Ihr Pferd vielleicht zu wenig aufmerksam gemacht und waren zu spät mit dem Kommando bzw. mit dem Steigern der Energie.

Zweite Führposition

Die zweite Führposition eignet sich sehr gut zum Spazierengehen. Sie wirkt partnerschaftlicher. Ebenso ist diese Position sehr hilfreich bei Pferden, die etwas unberechenbar reagieren oder sehr spielerisch veranlagt sind. Da Sie seitlich gehen, haben Sie das Pferd besser im Blickfeld und können oft früher agieren. Da Sie hier deutlich näher am Pferd sind, achten Sie besonders sorgfältig auf einen Minimalabstand zwischen Ihnen. Fordern Sie das Pferd auf, mindestens einen Abstand der Länge Ihres Oberarmes einzuhalten. Wenn Sie Ihren Arm wie auf dem Foto platzieren, können Sie dem Pferd gut klarmachen, wie nah es kommen darf.

Auch bei heftigen Pferden oder Pferden mit Neigungen zum Steigen ist diese Position sinnvoll, da wir früher sehen, was kommt. Bei solchen Pferden muss aber besonders auf einen deutlichen Abstand geachtet werden, da sie uns durch die Position schon recht nahe sind.

Zweite Führposition heißt, nebeneinander und miteinander gehen.

Fordern Sie das Pferd auf, als Erstes loszugehen: Erst wenn das Pferd Anstalten macht, sich zu bewegen, gehen Sie ebenfalls los. So können Sie einen klaren Auftrag nach Bewegung geben und sehen auch die Bereitschaft des Pferdes, diesen auszuführen.

Achten Sie beim Gehen besonders darauf, dass Sie die Art des Gehens bestimmen: das Tempo, den Abstand wahren, die Richtung. Sehr oft entgleitet uns die Kontrolle unmerklich, indem die Pferde mit dem Kopf hinter unsere Schulterlinie geraten. So entzieht es sich den Hilfen. Achten Sie also darauf, dass Ihr Pferd bei allem, was Sie tun, immer auf gleicher Höhe bleibt.

Gut zu sehen ist das Pacing: Sind beide Partner mental im Gleichklang, finden auch die Körper zu einem gemeinsamen Rhythmus.

Unser Favorit ...

Wir bevorzugen mittlerweile aus Erfahrung die zweite Führposition für die meisten Situationen. Aus dieser Position heraus können wir einfach am besten sehen, was unser Pferd gerade so macht.

Die erste Führposition, die auch eine Leitstute häufig innehat, ist vom Führungsanspruch zwar sehr klar, aber da wir nicht das Gesichtsfeld eines Pferdes mit fast perfektem Rundblick besitzen, können wir die vorausschauende Rolle der Leitstute nicht entsprechend gut übernehmen.

Für die Pferde ist es aber besonders wichtig, dass wir den Überblick behalten. Sie vertrauen sich uns nur an, wenn sie sicher sein können, dass wir Gefahren frühzeitig erkennen können. Führen wir in der zweiten Position neben dem Pferdekopf, dann nehmen wir auch kleinste Reaktionen des Pferdes optisch einfach frühzeitiger wahr und können auch unsere Wünsche früher anmelden.

Timing

Überblick über Zeitabläufe und Zeiträume zu haben, ist für Pferde sehr wichtig. Auch nur eine Sekunde zu spät ein Raubtier zu bemerken, ist verhängnisvoll. Aus diesem Grund ist gutes Zeitmanagement unsererseits also auch eine sehr wesentliche Führungsqualität. Damit meinen wir im Besonderen unser eigenes Timing. Den perfekten Zeitpunkt erwischen – das ist eine sehr wichtige Eigenschaft, wenn wir führen wollen. Oft handelt es sich wirklich um einen „Punkt" in der Zeit, wir haben nur ein extrem kleines Zeitfenster, um für das Pferd angemessen zu agieren oder zu reagieren.

„Angemessen" bedeutet im genau richtigen Moment dem Pferd genau die Information zu vermitteln, die diesem Augenblick und dieser Situation entspricht. Verpassen wir den perfekten Zeitpunkt, setzt im Pferdegehirn innerhalb weniger Sekunden der automatische Selbsterhaltungsmechanismus ein: Das Pferd reagiert seiner Natur gemäß mit Weglaufen oder Widerstand.

Nochmal zur Erinnerung: Weglaufen oder Widerstand können sich in vielen Formen zeigen. Es muss nicht gleich panisches Weggaloppieren sein oder ein aggressiv kämpfendes Pferd. Sich entziehen kann auch ein Wegdrehen von der Ursache sein, vielleicht nur ein Verlagern des Gewichts oder ein Wegschauen. Widerstand kann ebenfalls „maskiert" auftreten: Vermehrtes Zögern, „stures" Stehenbleiben oder das Pferd braucht „länger", um auf eine Aufforderung von uns zu reagieren.

Auch diese verfeinerten Spielarten von instinktivem (und damit durchaus normalem, weil natürlichem!) Verhalten machen uns Menschen das Führen sofort schwer.

„Wir können nur gut führen, wenn der Geführte sich führen lässt."

Der Gehorsam oder die Kooperationsbereitschaft unseres Pferdes hängt also entscheidend von uns und unseren Führungsqualitäten ab.

Wenn wir mit Pferden arbeiten, haben wir genau diesen Gedanken als Grundhaltung im Hinterkopf.

Wir setzen alles daran, uns bei allem, was wir tun, so zu verhalten, dass wir beim Pferd weder Weglaufen noch Widerstand auslösen.

Das bedeutet nicht, dass wir mit den Pferden nur „Tüddeln" oder uns auch vor Konfrontation drücken. Aber es ist enorm wichtig, dass wir uns immer wieder üben im Training von Timing. Den perfekten Zeitpunkt zu erwischen

ist für Pferde viel überzeugender als im falschen Moment tüddeln oder den Kampf suchen.

Dosierung

Ein anderer Punkt, der immer verbunden ist mit dem Treffen des idealen Zeitpunkts, ist die Dosierung. Damit meinen wir die Fähigkeit, im richtigen Moment genau die richtige „Informationsmenge" einzubringen, eben die Information zu dosieren.

Ein schlauer Mensch hat den Satz geprägt: „Es spielt keine Rolle, was du mit deinem Pferd tust, sondern wann du aufhörst, das zu tun, was du tust!"

Natürlich ist es nicht unwichtig, was Sie mit Ihrem Pferd tun oder wie Sie es tun, aber wiederum spielt der Zeitfaktor oft eine größere Rolle. In Raubtiermanier schlagen wir unsere Klauen in unsere Beute und lassen nicht mehr los: Wenn wir uns in eine Lektion mit dem Pferd verbissen haben, ist der häufigste Fehler, dass wir das viel zu lange tun! „Jetzt läuft es gerade so gut!" Da will man nicht aufhören, weil es doch gerade solchen Spaß macht!

Kennen Sie die berühmte „eine Runde zu viel" oder „die Minute zu lang"?

Viele Reiter machen ihre Erfahrungen mit dem ungeschickten Umgang mit Timing und Dosierung auf schmerzhafte Weise. Es kommt zu einem Unfall.

Fragt man die Reiter nach den Gedanken, die sie gerade unmittelbar vor dem Unfall hatten, antworten diese oft mit: „Ich hab noch gedacht, jetzt muss ich aufhören!"

Unser Unterbewusstsein warnt uns oft. Nehmen Sie solche Gedanken ernst und tun Sie sie nicht als Ängstlichkeit oder fehlende Risikobereitschaft oder gar Feigheit ab.

Lernen Sie auf Ihr Bauchgefühl zu vertrauen. Auch wenn Sie es vor die Anweisung des Reitlehrers stellen müssen ...

Dosierung meint aber auch die wirkliche Quantität von Energie, die wir einsetzen: den Zug am Zügel, den Druck unseres Schenkels, die physische Nähe unseres Körpers zum Pferd, die Energie, die wir bei der Verwendung in ein Hilfsmittel wie Seil oder Gerte legen etc.

Je besser Timing und Dosierung eingestellt sind, umso eher funktioniert der Kontakt auch mit zunehmender Distanz.

Achten Sie gut darauf, dass Ihr Pferd vor den treibenden Hilfen bleibt und sich gut von der Hinterhand her treiben lässt.

So können Sie steigern

Den Grundsatz wie „Mach immer so wenig wie möglich, aber so viel wie nötig!" haben wir in anderen Büchern auch schon erläutert, aber er gilt auch hier. Wenn Sie sich darin üben, immer mit der kleinstmöglichen Energiemenge von was auch immer zu beginnen und kontinuierlich schrittchenweise steigern, besteht die große Wahrscheinlichkeit, dass Sie die perfekte Dosierung zum perfekten Zeitpunkt erwischen!

Auf das Thema Führen bezogen kann das konkret so aussehen: Sie machen genau so viel, bis Sie ein Zucken der Muskulatur sehen. Bestätigen Sie durch sofortiges Aufhören und Loben. Als nächstes fragen Sie, bis Sie eine minimale Gewichtsverlagerung wahrnehmen, dann kommt das Bestätigen. Dann soll ihr Pferd ein Bein bewegen, als nächstes einen halben Schritt, dann ein ganzer Schritt, zwei Schritte, etc.

Sie können den Schwierigkeitsgrad mit zunehmender Übung auch spielerisch steigern: Versuchen Sie die Übung mit einem immer längeren Seil, sodass das Pferd mit mehr Abstand zu Ihnen geführt wird. Bauen Sie einen Parcours auf, den Sie bewältigen müssen etc.

Ein anderer Grundsatz, der, wenn wir ihn beachten, meistens gut funktioniert, ist: „Je schwerer sich das Pferd mit einem Auftrag tut, desto kleiner ist der Arbeitsschritt und desto schneller belohne ich das Pferd!"

Belohnen heißt in diesem Fall, sofort nachzugeben oder aufzuhören. Aus irgendeinem Grund hat das Pferd Mühe, sofort willig und weich zu reagieren. Ermutigen Sie es, dass es sich immerhin auf dem richtigen Weg befindet, auch wenn die Lektion hinten und vorne noch nicht perfekt ausgeführt wird. Ihr Pferd soll aber verstehen, dass seine Idee immerhin schon mal passend war! Wenn es das nicht versteht, kommen Sie nicht weiter! Dann nützt auch mehr Druck machen nichts.

Macht das Pferd nicht wie gewünscht mit, dann beobachten Sie sich selber: Vielleicht machen Sie es ihm schwer, kooperativ zu sein?

So geht es

Stellen Sie sich seitlich neben den Kopf Ihres Pferdes und zwar so, dass Sie ohne den Kopf zu drehen, Ihr Pferd gut sehen können. Wenn Sie bemerken, dass Sie dauernd nach hinten schauen müssen, ist Ihr Pferd hinter den treibenden Hilfen zurückgeblieben. Fordern Sie es auf, sich wieder neben Ihnen zu halten.

Nehmen Sie das Führseil in beide Hände: Führen Sie Ihr Pferd gerade auf der linken Seite, dann halten Sie das Seilende, welches am Halfter des Pferdes befestigt ist, mit der linken Hand.

Mit diesem „Zügel" weisen Sie dem Pferd beim Antreten die Richtung. Es ist in Ordnung, wenn Sie einen leichten Zug richtungsweisend einsetzen. Vermeiden Sie es aber, Ihr Pferd permanent vorwärts ziehen zu wollen, da viele Pferde auf Dauerzug eher mit Widerstand reagieren.

Die zweite Hand ist die dem Pferd nähere Hand, diese hält den Rest des Seils aufgerollt und wirkt treibend: Weisen Sie Ihrem Pferd die Richtung und treiben Sie es mit der anderen Hand mit der Seilreserve in Richtung der Hinterhand vorwärts.

Wenn Sie konsequent abwarten, bis Ihr Pferd Anstalten zum Loslaufen macht, bevor Sie selbst losgehen, können Sie die Bedeutung der Aktion der Hinterhand noch betonen. Sie legen Ihre Aufmerksamkeit auch in Gedanken auf das Anschieben mit der Hinterhand und „warten" auf das Antreten.

So helfen Sie Ihrem Pferd auch beim Verbessern seiner Körperwahrnehmung. Selbstverständlich können Sie der Übung vorausgehend auch die Hinterhand vorbereiten: Streifen Sie sie von beiden Seiten langsam und deutlich mit den Händen ab, von oben nach unten. Oder sensibilisieren Sie sie mit Hilfe einer Gerte, indem Sie ebenfalls Kruppe und Beine langsam damit abstreifen.

Mit verbessertem Hinterhandbewusstsein lernt das Pferd immer leichter, dass es das Losgehen durch „Anschieben" mit der Hinterhand tun soll.

Was tun, wenn es nicht funktioniert?
Das Pferd kommt zu nah

Sobald sich Ihr Pferd in Bewegung setzt, drehen Sie sich wieder zu Ihrem Pferd und gehen dabei parallel. Ihr Pferd und Sie sollten auf zwei parallel verlaufenden Spuren nebeneinander hergehen. Achten Sie darauf, wohin die Pferdenase zeigt: Schaut sie zu Ihnen, werden Sie in der nächsten Sekunde von Ihrem Weg abgebracht oder das Pferd tritt Ihnen sogar auf die Füße. Richten Sie also die Pferdenase wieder deutlich dorthin, wohin das Pferd gehen soll.

Manchmal aber sind wir es, die aus Versehen das Pferd am Seil zu uns herziehen ... Wenn nötig, strecken Sie Ihren Ellbogen seitlich zum Pferd aus: Mindestens diesen kleinen Abstand sollte das Pferd wahren. Bei sehr ignoranten Dränglern hilft es auch, wenn Sie eine Gerte zwischen sich und dem Pferd mitführen, quasi als Leitplanke, die deutlich eine Grenze markiert.

Schaffen Sie klare Verhältnisse: Beim Gehen nebeneinander darf nicht gedrängelt werden.

Bei langsamen Pferden erzeugt Ziehen noch mehr Widerstand. Treiben Sie vor allem über die Hinterhand mit Hilfe des Seilendes oder einer Gerte.

Das Pferd ist zu langsam

Auch das ist eine Form, sich unseren Wünschen zu entziehen: trödeln. Manchmal liegt es aber auch daran, dass wir nicht klar genug kommuniziert haben, wohin und wie schnell sich das Pferd bewegen soll. Seien Sie also genau mit Ihrer Information. Geben Sie einen klaren Impuls am Seil, gehen gleichzeitig energisch und helfen aufmunternd mit der Stimme. Treiben Sie aber hauptsächlich mit der „hinteren" Hand die Hinterhand an. Auch hier spielen Aufmerksamkeit und Timing eine wesentliche Rolle: Sie müssen mitbekommen, wann das Pferd leicht verzögert und dann sofort treibend reagieren.

Ups! Zum Halten zieht man gern am Seil, dadurch kommt es zum Rempler.

Zweite Führposition: Anhalten!

Gutes, fleißiges und kontrolliertes Schrittgehen ist die Grundlage für eine aktive Zusammenarbeit. Ist Ihr Pferd wach und aufmerksam, dann wird es auch umso besser wieder anhalten. Viele Reiter befürchten, wenn sie ihr Pferd zu fleißigem Schritt motivieren, dass es damit „aufheizen" und nicht mehr stoppen könnte.

Tun Sie alles, damit Ihr Pferd aufmerksam wird. Damit ist aber nicht gemeint, dass Sie Ihr Pferd dauernd vorwärts piesacken müssen, wodurch es hektisch würde. Wenn es nur noch rennt, wird es nicht mehr aufmerksam sein und sich wenig darum kümmern, was Sie vorgeben.

So geht es

Bereiten Sie sich gedanklich schon auf das Haltemanöver vor, bevor Sie wirklich Hand anlegen. Achten Sie noch während des Gehens auf einen klaren Abstand zwischen Ihnen und dem Pferd. Atmen Sie aus, helfen Sie mit einem Stimmkommando und heben Sie das Führseil etwas nach oben und hinten an. Der Zug am Seil richtet sich also nach hinten und bremst das Pferd. Oft ziehen wir reflexartig am Seil. Da wir aber seitlich gehen, ziehen wir damit auch das Pferd seitlich – auf unsere Füße! Wirken wir aber gut vorbereitet nach hinten ein, parallel zum Pferdehals, dann kann das Pferd im Halten in seiner Längsachse gerade bleiben.

Was tun, wenn es nicht funktioniert?
Das Pferd hält nicht an

Bereiten Sie die Situation noch besser vor: in Ihren Gedanken – und helfen Sie mit der Stimme und überdeutlicher Körpersprache. Steigern Sie die Energie am Seil kontinuierlich und lassen Sie sofort locker, sobald die Antwort kommt. Wenn es sehr schwer ist, können Sie mit einer Gerte helfen, mit der Sie deutlich vor der Pferdenase eine „Barriere" errichten oder auch die Pferdebrust antippen können. Loben Sie Ihr Pferd.

Das Pferd überdreht

Manche Pferde reagieren auf ein Stoppkommando mit einem Pseudo-Anhalten: sie schleudern. Vielleicht war Ihr Signal zu abrupt oder zu stark, sodass das Pferd überdreht. Versuchen Sie es feiner und mit noch mehr Vorbereitung. Wenn alles nichts hilft, nutzen Sie die Hilfe eines Zauns oder einer Hallenwand: Diese Längsbegrenzung hilft dem Pferd, im Körper gerade zu bleiben.

Dritte Führposition

Diese Position eignet sich hervorragend für das Einleiten von Longierübungen.

Wenn sich Ihr Pferd in der zweiten Position leicht und fleißig vorwärtssteuern lässt, dann ist das eine tolle Ausgangsposition, um das Pferd auf mehr Distanz zu schicken. Dabei können Sie sich gut auf die Höhe der Gurtlage zurückziehen. Viele Pferde sind am Anfang unsicher, wenn es um mehr Selbstständigkeit geht. Sie sind es nicht gewöhnt, ohne die Nähe zum Menschen mit der „Nase vorn" zu gehen.

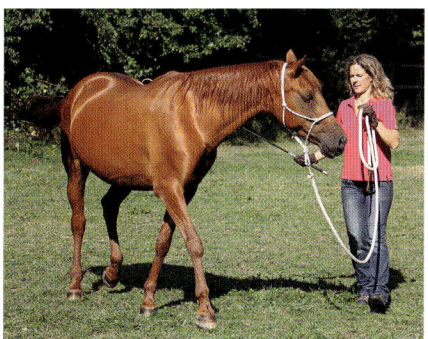

Um sich aus dem seitlichen Führen zu lösen und das Pferd selbstständiger vorwärts zu schicken, wendet sich Andrea Fabiola deutlich zu und treibt sie über die Schulter nach außen.

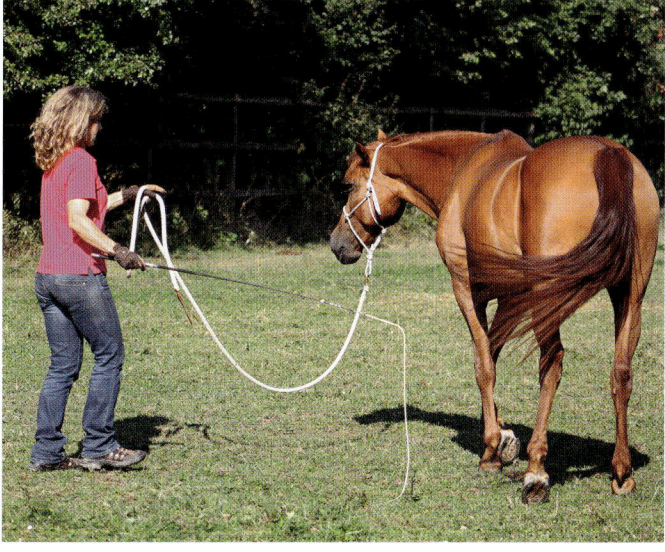

Das Pferd ist unsicher, wohin es gehen soll. Vielleicht fehlt die klare Information?

Ohne den Bewegungs-
fluss zu unterbrechen,
fragt Markus nach mehr
Tempo.

Ein sehr häufiges Bild, wenn es ums erste Longieren geht, sieht so aus: Oft hinterfragen Pferde den Sinn dieses Auftrags, indem sie sich zur Mitte drehen und uns ratlos anschauen. Es kann daran liegen, dass unser Pferd keine klare Information erhalten hat, wie es einen solchen ungewohnten Bogen gehen soll, ohne das Gleichgewicht zu verlieren. Oft möchten die Pferde auch einfach wissen, ob uns diese – für sie ungewohnte – Sache wirklich ernst ist.

Es liegt auch oft daran, dass wir den Pferden nicht nachvollziehbar erklärt haben, was genau wir wollen. Wir kön-

Markus weist den Weg
über seinen nach vorne
weisenden Arm, an dem
Fabiola „entlang" geht.

nen sie durch gutes Führtraining bestens auf das selbstständige Gehen auf einem Zirkel vorbereiten.

Aber auch „einfach geradeaus" zu gehen ist in der dritten Führposition schwierig, da wir ja immer noch von einer Seite her einwirken. So geschieht es häufig, dass unser Pferd nach innen wendet. Ihre Hauptaufgabe besteht darin, die innere Schulter des Pferdes genau zu beobachten und wenn möglich zum Steuern zu „bedienen".

So geht es

In der dritten Führposition befinden Sie sich deutlich weiter hinten am Pferdekörper: Sie gehen etwa auf Höhe des Sattelgurtes und damit deutlich hinter der Schulter des Pferdes. Die Schulterlinie ist für die Pferde bedeutsam: Die Vorderbeine und damit die Schulter geben die Richtung bei jeder Bewegung an. Sind wir hinter der Schulterlinie, ist es schon wesentlich schwerer, das Pferd genau zu steuern und damit zu kontrollieren.

Deshalb gehen wir in dieser Position nicht unbedingt spazieren, es sei denn, wir möchten eine Herausforderung für ein gut ausgebildetes und anspruchsvolleres Pferd.

Vierte Führposition

Diese Position auf Höhe der Hinterhand des Pferdes oder gar hinter dem Pferd wäre in der Natur typisch für die treibende Position eines Hengstes. Für uns ist sie nutzbar, wenn es um die Arbeit mit der Doppellonge geht, das Training am langen Zügel oder auch für das Fahren.

Hierfür muss die Glaubwürdigkeit unserer Führungspersönlichkeit und die Kommunikation zwischen Mensch und Pferd schon etwas gefestigt sein. Es fällt uns viel schwerer, aus dieser Position heraus unsere Wünsche anzubringen und gute Kontrolle zu erhalten.

Auch wenn Sie wie bei der Doppellonge zwei Seile am Pferd angebunden haben, heißt das nicht, dass es sich leichter „zügeln" lässt. Die Kontrollierbarkeit eines Pferdes hängt immer von der mentalen Kooperationsbereitschaft des Pferdes ab. Letztendlich können wir kein Pferd auf irgendeine Weise halten.

Die vierte Führposition bietet so aber weitere schöne Möglichkeiten, Ihr Pferd vielseitig zu trainieren. Bereiten Sie Ihr Pferd über die anderen Führpositionen gut vor.

Auch das ist die vierte Führposition: Die Hilfen kommen an.

Hier wird vom Pferd schon viel Selbstständigkeit erwartet.

So geht es

Je leichter sich das Pferd in den anderen Führpositionen dirigieren lässt, umso eher klappen erste Schritte von hinten. Beginnen Sie mit dem Seil auf der einen und einer längeren Gerte auf der anderen Seite. Machen Sie nur wenige Schritte, wobei Sie darauf achten, dass Kopf und Hals gerade bleiben. Üben Sie auf einem Platz mit begrenzender Bande.

Was tun, wenn es nicht funktioniert?

Das Pferd geht nicht vorwärts

Gehen Sie vielleicht wieder einen Lernschritt zurück und üben in den anderen Führpositionen das klare Antreten und auch fleißiges Tempohalten. Kombinieren Sie gerne Stimmhilfen dazu. Fragen Sie zu Beginn nur kleine „Häppchen" ab: Anlaufen und nach zwei Schritten schon wieder Anhalten. Allmählich steigern Sie Ihre Anforderungen.

Das Pferd dreht sich immer um

Auch aus dieser Position müssen Sie Einfluss auf die Schulter – die Steuerung – des Pferdes haben. Am besten geht es, wenn Sie das über den verlängerten Arm, z. B. mit einer kurzen Fahrgerte tun.

Longieren – nicht nur auf dem Zirkel!

Ob Sie sich mit den weiterreichenden Themen wie Langzügelarbeit, Doppellonge oder Fahren befassen wollen, ist Ihre Entscheidung. Natürlich ist es dann sinnvoll, dass Sie sich mit diesen Techniken im Speziellen auseinandersetzen.

Aber für die meisten Reiter und Pferdemenschen sind die ersten drei Führpositionen entscheidend.

Sie festigen den Führungsanspruch und bereiten fast alle Themen, mit denen Sie als Reiter in Berührung kommen, am Boden wunderbar vor. Ebenfalls sind sie immer wieder Kontrollinstrumente, wie gut Ihre „Beziehungskiste" mit Ihrem Pferd funktioniert, sie dienen der verfeinerten Kommunikation, dem „Fein-Tuning", und wirken wie die vorangehenden Übungen am Seil auch bereits gymnastizierend.

Wir können besonders in den ersten drei Führpositionen auch die wichtige Lehrposition einnehmen, wenn es darum geht, dem Pferd zu erklären, was ein Zirkel bzw. eine gebogene Linie ist und wie es sich darauf bewegen soll.

So klappt das Führen von hinten leichter.

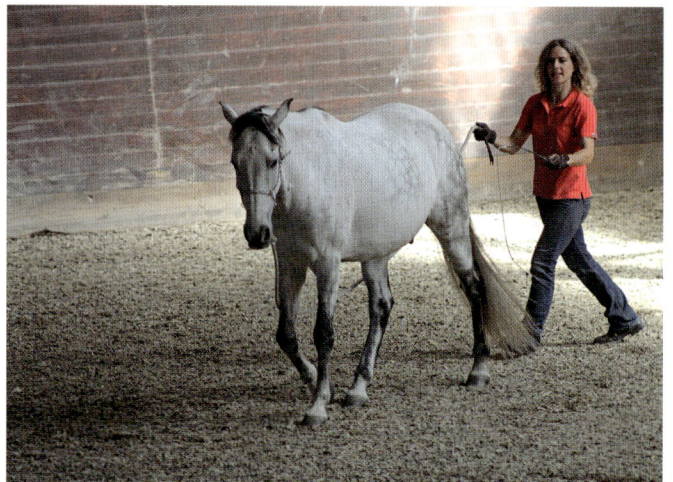

Wir distanzieren uns klar zum leider weitverbreiteten Übel des stundenlangen „Zentrifugierens". Longieren ist bei vielen Pferdeleuten immer noch die einzig angewendete Disziplin, wenn es um das Thema Bodenarbeit geht.

Das muss nicht so sein. Wie gesagt, wir halten die möglichst vielseitige Arbeit am Boden für eine exzellente Vorbereitung fürs Reiten. Darunter verstehen wir Abwechslung durch verschiedene Techniken und auch Abwechslung innerhalb einer Trainingstechnik.

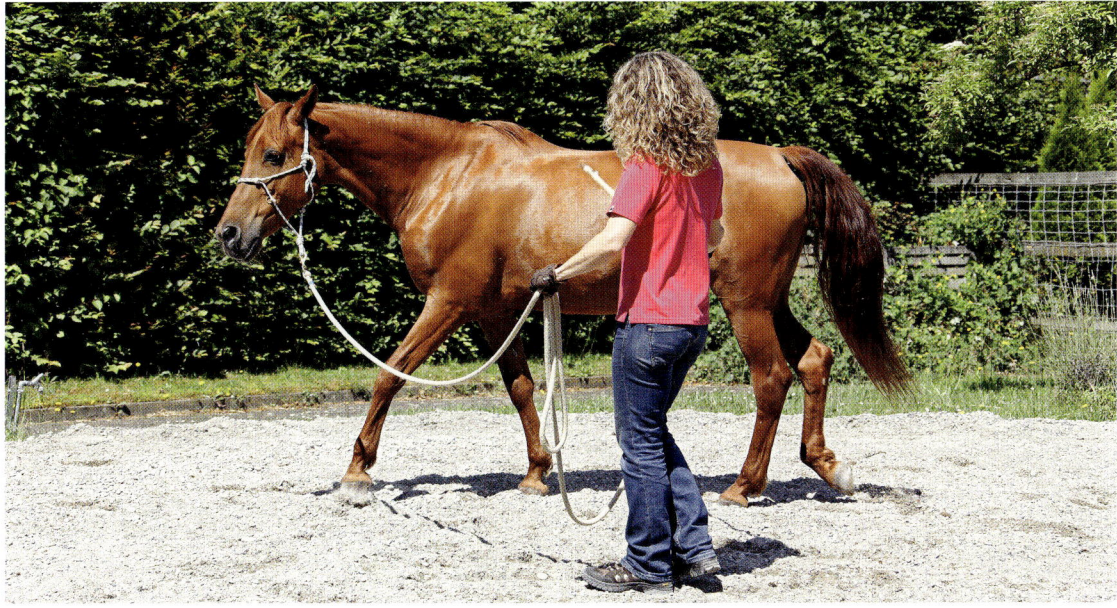

Unser Buch widmet sich vor allem dem Thema der Seilarbeit. Auch am Seil können wir gutes Reiten und Longieren vorbereiten. Weiterführendes Longieren machen wir sehr gerne mit einem Kappzaum, da dieser anders am Pferdekopf sitzt und etwas präziser wirkt, besonders, was Stellung und Biegung angeht. Selbstverständlich sollen sich fortgeschrittene Pferde aber durchaus auch nur mit Knotenhalfter und Leitseil wie gewünscht stellen und biegen lassen.

Mehr Abstand gewinnen: Bagheero wird um ein sichtbares Hindernis wie das blaue Hütchen herumgeschickt.

Vergrößern Sie nur langsam den Abstand, behalten Sie dabei immer das Gefühl der Führung.

So geht es

Sie haben nun vielleicht schon das Kapitel „Seiltraining" (siehe Seite 33) gelesen und die darin enthaltenen Übungen ausprobiert und vertieft. Sie sind die Voraussetzung, dass auch longierähnliche Übungen gut klappen.

Ganz bewusst beginnen wir nahe am Pferd. Wir führen das noch ungeübte Pferd in kleinen Lernschritten dahin, wo wir es haben wollen. Sind wir nahe am Pferd, können wir seinen Körper leichter dirigieren oder den verschiedenen Körperteilen durch direktes Berühren besser zeigen, welche Stellung oder Haltung oder Bewegung wir gerne hätten.

Wenn wir mit unseren Händen führen, werden wir auch immer sensibler, ob das Pferd auch eine minimale Stellungsveränderung oder ein Bewegungsmuster ausführen kann. Sind wir dann weiter weg – wie beim Longieren oder auch Reiten – können wir auch auf Distanz leichter spüren, ob unser Pferd dann immer noch nachgibt oder sich anspannt.

Die Nähe bereitet den Abstand vor. Wenn Sie spüren, dass die Verbindung „abreißt", dann gehen Sie wieder näher heran und stellen Sie wieder den nötigen Kontakt her, damit Ihr Pferd versteht, was gefragt wird, und leichter mitmachen kann.

Arbeiten Sie in der zweiten und dritten Führposition. Beginnen Sie zuerst nahe am Pferd, sodass Sie es jederzeit anfassen oder mit den Händen korrigieren können. Üben Sie einen klaren, taktreinen Schritt ein, halten Sie ein über mehrere Runden konstantes Tempo – das sind alles Schwierigkeiten, die wir beim Reiten genauso antreffen!

Fragen Sie dabei immer wieder das Nachgeben an Kopf, Genick und Hals ab, sowohl die seitliche Nachgiebigkeit (= Stellen und Biegen) als auch die vertikale (= Beugen).

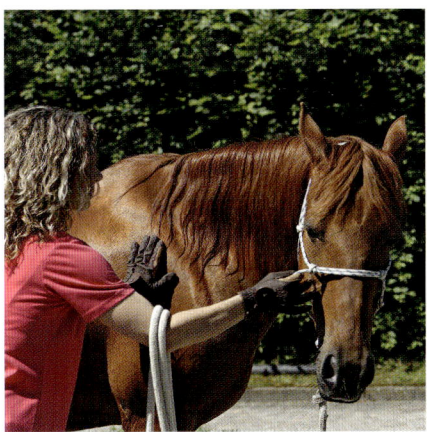

Durchlässigkeit beim Führen und Nachgiebigkeit in Genick und Hals sind von Anfang an gefragt.

Beim Führen nahe am Pferd begleiten Sie Ihr Pferd, damit es dann später auch auf weitere Distanz weiß, wie es sich bewegen soll.

Fabiola hat gelernt, sich auch im Galopp im Gelände auf den Beinen zu halten. Markus stört sie nicht durch Ziehen am Seil.

Aus einer zweiten Führposition können wir das Pferd gut immer einen Millimeter weiter wegschicken. Gehen Sie dabei immer so weit, dass Ihr Pferd gerade noch sicher und fleißig vorwärts geht.

Dies sind alles Übungen, die Sie gut mit einem Schnurhalfter ausführen können.

Achten Sie auch beim relativ lose sitzenden Schnurhalfter darauf, dass sich das Pferd nicht im Genick verwirft, sondern korrekt stellt.

Korrektes Stellen im Genick ist der Schlüssel dazu, dass Ihr Pferd besser lernen kann, auf einer Zirkellinie zu gehen.

Back to the roots

Bei den Basisübungen finden Sie die Anleitung, wie Sie Ihr Pferd besser zum Stellen und Biegen (siehe Seite 58) bringen können. Denken Sie daran: Genau dazu sind diese Grundelemente da. Sie machen komplexe Bewegungen einfacher, weil das Pferd die Einzelteile kennt.

Es ist für Pferde nicht „normal", über längere Zeit gebogen auf einer gebogenen Linie zu gehen. In der Natur machen sie in der Regel nur kurzfristig eine Kurve, im Sinn einer Richtungsänderung. Dabei ist der Pferdekörper höchstens kurze Zeit etwas gebogen, wenn überhaupt. Das Pferd wird instinktiv alles daran setzen, seine Balance zu halten. Das gelingt leichter, wenn es den Körper gerade hält. Sich in der Längsachse über längere Zeit zu biegen, ist für das Pferd eine hohe Herausforderung in puncto Gleichgewicht. Es wird automatisch versuchen, diese zu vermeiden.

Wir können also nicht vom untrainierten Pferde verlangen, dass es sich in allen Körperteilen sofort korrekt biegen kann. Das ist wiederum eine Arbeit, die Schritt für Schritt erfolgen muss. Der Körper baut sich dem Training folgend langsam um.

Es braucht einige Zeit und sinnvolle Trainingsimpulse, bis sich neue Bewegungsmuster etablieren und sich die Muskulatur soweit anpasst. Gehen wir jedoch zu schnell vor, wird die Muskulatur des Pferdes mit Überlastung, Erschöpfung und Überdehnung reagieren. Die Folge sind Verspannungen im Sinn einer natürlichen Schutzspannung: Statt geschmeidiger und kräftiger wird die Muskulatur hart und schmerzhaft. Wird weiterhin in dieser Weise intensiv gearbeitet, nimmt die Muskulatur irgendwann Schaden.

Bagheero lernt, wie er seine Beine bei einem Richtungswechsel mit Seil sortieren soll.

Setzen Sie sich doch
zum Longieren!

Schritt für Schritt bedeutet: zeitlich kurze Trainingseinheiten und immer wechselnde Impulse für den Körper. So werden Muskeln von verschiedenen Seiten her mit Trainingsreizen „gefüttert" und durch die Abwechslung arbeiten Muskeln schonender. Häufige Wechsel von Geradegehen und wieder erneut Biegen sind effizient. Stundenlanges Gehen oder Rennen in einer gleichbleibenden Haltung ist wenig sinnvoll, wenn wir unser Pferd gymnastizieren wollen.

Kombinieren Sie also die Seilübungen in puncto Nachgiebigkeit und Willigkeit, für das vertrauensvolle Verständnis mit den Aspekten der Klarlinigkeit und Präsenz beim Führen. Und dann legen Sie los mit dem Longieren, wo immer Sie wollen!

Machen Sie dem Pferd das Geradegehen und das Biegen einfacher, indem Sie den Weg markieren. Arbeiten Sie mit Spielzeug, Sie werden staunen, wie hilfreich die optische Wirkung auch auf Sie ist!

Die große Freiheit

Wir haben hier noch mal einen Schritt-für-Schritt-Plan skizziert, der manchen Lesern vielleicht einfach, zu einfach oder selbstverständlich erscheint. Ein Großteil unserer Schüler, unabhängig vom Niveau, hat aber genau damit Probleme. Sie sind unsicher oder trauen sich nicht, etwas auszuprobieren, aus Angst, Fehler zu machen. Das Schritt-für-Schritt-Vorgehen ist ein idealer Einstieg in das Thema: Viele Reiter möchten „gerne mal frei" mit ihrem Pferd arbeiten, wissen aber nicht so recht, wie sie beginnen sollen.

So geht es

Ihr Pferd und Sie sind mit den Basisübungen vertraut und können diese auf kleinste Aufforderung abrufen. Arbeiten Sie nun viel in Bewegung, führen Sie in zweiter Führposition. Halten Sie das Seil nur mehr ganz lose in der Hand und verstärken, ja übertreiben Sie ruhig gleichzeitig die Körperspra-

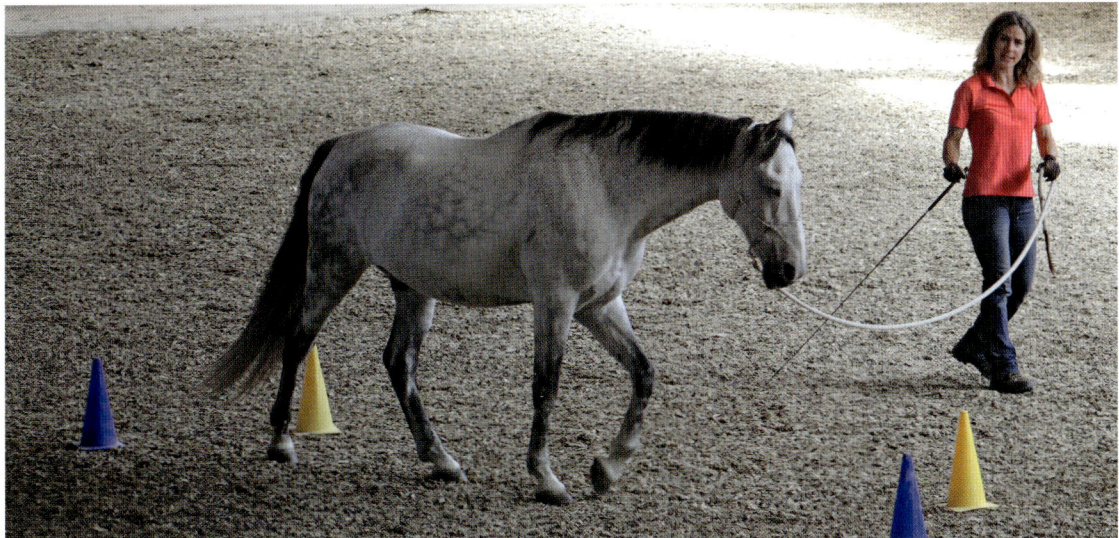

che. Nur wenn Ihr Pferd nicht reagiert, setzen Sie als Führhilfe wieder das Seil ein.

Beim Übergang zur freien Arbeit ist eine Gerte hilfreich. Diese verstärkt Ihre Körperachse, besonders die Schulterachse, nach der sich das Pferd deutlich ausrichtet. Auch hilft Ihnen der „längere Arm", dem langen Körper des Pferdes „ebenbürtig" (zumindest in der Länge!) zu sein. Sie können am Kopfende stehen und gleichzeitig die Hinterhand des Pferdes beeinflussen. Führen Sie Ihr Pferd im Schritt auf dem Platz umher, machen Sie Kurven und Richtungswechsel, halten Sie immer wie-

Trainieren mit Spielzeug hilft Pferden und Menschen, sich mit mehr Motivation zu bewegen, sich besser zu konzentrieren und die Füße genauer zu setzen.

Vorhand verschieben an der Bande.

der an und lassen Sie Ihr Pferd erneut bewusst antreten.

Ihre Führung am Seil wird immer passiver, während Sie sich in zunehmendem Maß auf Ihre Körpersprache und Gerte als Verlängerung konzentrieren. Immer wieder anzuhalten gibt Ihnen kleine Atempausen, in denen Sie sich neu sammeln.

Klappt das alles gut, dann schlingen Sie das Seil um den Hals des Pferdes und arbeiten genau wie vorher weiter. Nun haben Sie das Seil nicht mehr in der Hand, aber Sie haben in Reichweite einen „Griff" am Pferd.

Jetzt lösen Sie Halfter und Seil und arbeiten genau so weiter. Auch wenn sich Ihr Pferd mal verabschiedet, ist das nicht weiter tragisch, wenn Sie auf einem umzäunten Platz arbeiten. Das

Seil ist nur die physische Verbindung. Entfällt sie, spielt umso mehr die unsichtbare oder psychische Verbindung eine Rolle. Sie führen Ihr Pferd quasi an einem unsichtbaren Seil.

Wenn es schwierig wird oder wiederholt Übungen nicht klappen, gehen Sie noch mal zurück und arbeiten Sie mit dem Minimum an Verbindlichkeit bzw. Hilfsmitteln, damit Sie die Kontrolle besser behalten können.

Achten Sie darauf, dass Sie Ihre Körpersprache nicht verrät: Oft verkrampfen wir uns instinktiv, wenn wir zum ersten Mal das Seil loslassen. Wir halten vor lauter Spannung, ob es auch klappt, den Atem an. Schon ist es passiert: Ihr Pferd registriert diese deutliche Veränderung der Körpersprache und -spannung und zieht seine eigenen Schlüsse daraus. Vielleicht zögert es, vielleicht folgt es Ihnen nicht oder geht zum Tor ... Wenn das passiert, lachen Sie herzlich, freuen Sie sich, dass Sie schon so weit gekommen sind und holen Sie sich freundlich und unspektakulär Ihr Pferd zurück. Probieren Sie es gleich noch mal, diesmal mit entspannter Atmung und erhöhter Achtsamkeit.

Verfeinern und erweitern

Wenn Pferde die beschriebenen Basisübungen gut, fein und willig ausführen, dann wird sich dies bereits beim Reiten deutlich positiv bemerkbar machen. Es sind ja eigentlich alles grundsätzliche Themen, die für uns einfach unverzichtbar geworden sind.

Führen in Innenstellung

Beginnen Sie mit dem Führen aus der zweiten Führposition. Verlangen Sie ein gutes Schritttempo. Sobald Ihr Pferd fleißig geht, fragen Sie nach Innenstellung, aber so sachte, dass Sie Ihr Pferd nicht beim Gehen stören.

Sie dürfen das Pferd nicht mit „eiserner Faust" in der Position festnageln, sondern wirken leicht und lockend ein. Bleiben Sie ruhig mit den Händen an Halfter und Genick (siehe Basisübung Stellen Seite 58). Helfen Sie nur nach, wenn das Pferd die Position aufgibt. Nach wenigen Schritten richten Sie es wieder gerade und loben es ausgiebig. Dieses Manöver ist die Vorbereitung auf ein Schulterherein.

Schulterherein

Wir ziehen die Schulterhereinstellung dem Schenkelweichen deutlich vor. Als Vorbereitung für Seitengänge ist Schenkelweichen sehr populär. Wir haben aber vorher schon über das Thema einer aktiven Hinterhand gesprochen. Aktiv heißt vor allem auch, dass die Hinterbeine lernen, weit unter den Körper in Richtung Schwerpunkt, also auch nach vorne, zu fußen. Genau das vermeidet aber das Pferd beim Schenkelweichen: Die Hinterbeine kreuzen, aber sie treten dabei am Schwerpunkt vorbei, nehmen also keine Last auf. Das Pferd erlernt dies als „richtig" und wird sich beim Reiten von Seitengängen um die nötige Aktivität der Hinterhand herummogeln.

Beim Schulterherein wird zwar weniger Abstellung gefordert und es kreuzen nur die Vorderbeine, aber die Aktion des inneren Hinterbeines in Richtung Schwerpunkt wird ganz explizit gefördert. Das Schulterherein dient mehreren Zwecken, die anderswo schon genügend erklärt werden, aber für uns ist die Möglichkeit, das innere Hinterbein zu aktivieren, sehr wichtig.

So geht es

Beginnen Sie mit dem Führen an einem Zaun oder einer Bande entlang. Aus dem Gehen in Innenstellung können Sie das Schulterherein entwickeln:

Sie „überbiegen" den Pferdehals etwas, holen es gleichzeitig einen halben Schritt mit den Vorderfüßen weg vom Hufschlag. Blicken Sie beim Weiterbewegen zum inneren Hinterbein: Achten Sie darauf, ob dieses in die Spur des äußeren Vorderbeines tritt. Verlangen Sie zuerst nur einen Schritt und richten das Pferd dann sofort wieder gerade. Loben Sie es.

Wenn Ihr Pferd in Genick und Hals weich nachgibt, dann wirkt das auf das Hinterbein wie das „Lösen der Handbremse": Es tritt fast augenblicklich weiter nach vorne. Deshalb ist auch das Erarbeiten der Basislektionen „Stellen und Biegen" so wichtig.

Figuren

Figuren

Hier sind ein paar Anregungen, was Sie alles anstellen können mit Halfter und Seil.

Erarbeiten Sie sich mit Fantasie verschiedene Figuren. Verwenden Sie Spielzeug, optische Merkpunkte. Diese machen die Figur fürs Pferd sichtbar und dadurch wird die Übung sinnvoll.

Es ist auch unglaublich schwierig für uns, unser Pferd „nur" schon einen simplen Kreis gehen zu lassen auf einem gähnend leeren Platz. Oft wird's dann ein „Zufallskreis", der mehr oder weniger rund ist. Wenn Sie Glück haben, dann weiß das Pferd ungefähr, was es tun soll. Aber dass Sie kompetent führen oder die Figur wirklich gymnastizierend wirken kann, davon sind Sie weit entfernt.

Manchmal fühlt man sich wie beim Schwimmen im weiten Meer mit der vagen Hoffnung, dass man den verschwommen am Horizont zu erahnenden Strand vielleicht erreicht …

Ach, das würde Ihnen nicht passieren?! Dann dürfen Sie weiterblättern!

Slalom

Labyrinth

Kleeblatt

Schachbrett

Hütchenzirkel

Transfer nach Draußen

Erste Führposition

Pause

Dritte Führposition

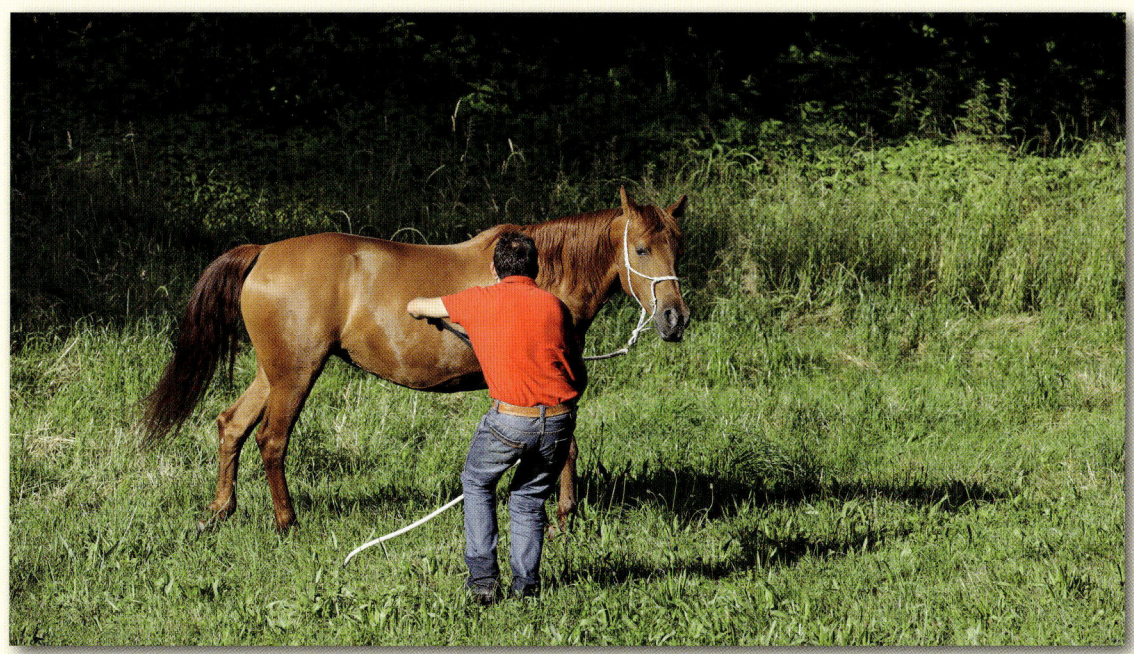

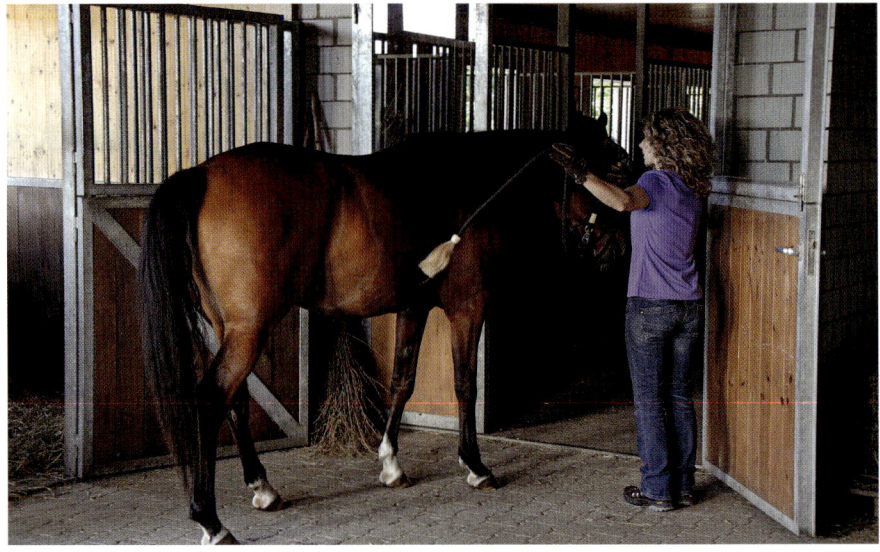

Üben Sie nicht nur auf dem Platz, sondern entdecken Sie, in welchen Alltagssituationen die einzelnen Bausteine mit Halfter und Seil versteckt sind.

Alltagsideen

… im täglichen Umgang die Trainingsideen entdecken.

Wir möchten gerne hochmotiviert so viele schöne Dinge mit unserem Vierbeiner tun. Wir lassen uns inspirieren von Shows und Workshops, vom Besuch im Zirkus und auf Pferdemessen. Wie breit das Angebot und die Möglichkeiten sind, was man alles erreichen könnte, wenn … und da stockt es dann bei uns.

In einer Show sieht alles leicht, harmonisch und fröhlich aus, manchmal ist es echte Perfektion und scheinbar ganz mühelos! Genau das wünschen wir uns auch. Aber wie kommen wir dahin? Wir hören nicht so gern, dass manche Trainer JAHRE für eine einzelne Lektion gebraucht haben, wie viele Stunden sie trainiert und geübt haben, mit welchen Erfolgen, aber auch Misserfolgen sie leben.

Und genau das ist unser Holzbein: Wer hat schon Lust, stuuundenlang zu üben? Geht das denn nicht schneller? Und bitte nicht so müüühsam!

Wenn eine fertige Shownummer über die Arbeit und Zeit, die dahinter-

steckt, hinwegtäuscht, dann hat sich der Aufwand gelohnt.

Es geht doch!

Aber Sie täuschen sich auch, wenn Sie befürchten, dass Erfolge nur mit riesigem Aufwand zu erreichen sind. Wenn Sie jeden Tag fünf Stunden lang ohne Pause an einem Detail feilen, wird es bestimmt perfekt, aber Sie kommen kaum weiter und sterben zusammen mit Ihrem vierbeinigen Opfer vor lauter Endloswiederholungen.

Wir möchten Ihnen Mut machen.

Sie werden staunen, welche tollen Trainingsmöglichkeiten Sie entdecken, wenn Sie die Dinge etwas anders betrachten. Für die Übungen in diesem Buch reichen einige Minuten üben täglich aus. Das soll nun nicht den Inhalt schmälern, aber als Lehrer stellen wir so oft fest, dass die Schüler viel zu früh aufgeben oder kaum üben, weil sie insgeheim den Aufwand fürchten. So kommen sie gar nicht weiter, was natürlich ihre Befürchtungen bestätigt.

Sie müssen nicht zwingend das ganze „Programm" während einer Stunde durchpauken. Machen Sie zwei, drei Übungen zum Aufwärmen, bevor Sie

Wenn die Einzelelemente ruhig und zuverlässig klappen, werden sie im richtigen Leben umgesetzt.

reiten. Vieles können Sie ja ruhig auch schon mit dem gesattelten Pferd machen. Oder bevor Sie im Gelände spazieren gehen, machen Sie kurz ein „Fein-Tuning" und fragen die zweite Führposition ab.

Kurz gesagt, Sie integrieren ein paar Minütchen in Ihr normales Tagesprogramm. So wirkt es nicht so erschlagend und Sie können jeden Tag den Fortschritt beobachten. Das gibt wieder neue Motivation.

Alltagsanalyse

Eine andere Möglichkeit ist das Analysieren Ihres Alltags. Gehen Sie auf Entdeckungstour bei allen täglichen Routineabläufen im Stall und mit Ihrem Pferd. Finden Sie heraus, aus welchen vorher beschriebenen Elementen sich eine völlig alltägliche Situation zusammensetzt, z. B. wenn Ihr Pferd:

> sich in der Box umdreht, wenn Sie hereinkommen
> sich das Halfter anlegen lässt
> sich zum Losgehen bereitmacht
> durch die Stalltür nach draußen geht
> zum Putzplatz geführt wird
> angebunden wird
> wieder vom Putzplatz weggeführt wird
> nicht warten kann, wenn es gesattelt wird
> gezäumt wird
> von Ihnen in die Halle/auf den Platz geführt wird
> auf die Weide oder aus dem Stall geführt wird
> geparkt wird zum Aufsteigen
> sich nach seinen Kumpels umschaut
> wieder in seinen Stall gebracht wird
> abgezäumt und abgesattelt wird
> erwartungsvoll nach dem Futtereimer angeln will, wenn Sie die Box betreten
> etc.

Nützliche Adressen

Andrea und Markus Eschbach
Eichhaldenstraße 23
CH-5322 Koblenz
Tel. Schweiz: 078 – 89 21 622
Tel. Deutschland: 0151 – 22 64 17 27
info@eschbach-horsemanship.com
www.eschbach-horsemanship.com
www.eschbach-hof.ch

Deutsche Reiterliche Vereinigung (FN)
Freiherr-von-Langen-Str. 13
D-48231 Warendorf
Tel. 02 581 – 63 620
Fax 02 581 – 62 144
fn@fn-dokr.de
www.pferd-aktuell.de

Vereinigung der Freizeitreiter und -fahrer
in Deutschland (VFD)
Christiane Ferderer
Zur Poggenmühle 22
D-27239 Twistringen
Tel. 04 243 – 94 24 04
Fax 04 243 – 94 24 05
bundesgeschaeftsstelle@vfdnet.de
www.vfdnet.de

Österreichischer Pferdesportverband
(OEPS)
Geiselbergstr. 26 – 35/512
A-1110 Wien
Tel. 01 – 74 99 261
Fax 01 – 74 99 26 191
office@oeps.at
www.oeps.at

Schweizerischer Verband für Pferdesport
(SVPS)
Papiermühlestr. 40 H
CH-3000 Bern 22
Tel. 031 – 33 54 343
Fax 031 – 33 54 358
info@fnch.ch
www.fnch.ch

Schweizer Freizeitreitverband (SFRV)
Melchiorstraße 15
CH-3027 Bern
Tel. 026 419 29 52
Fax: 026 419 29 42
info@sfrv-asel.ch
www.sfrv-asel.ch

Zum Weiterlesen

Aguilar, Alfonso/Roth-Leckebusch, Petra: **Wie Pferde lernen wollen,** Bodenarbeit, Erziehung und Reiten, KOSMOS 2012
Der Mexikaner Alfonso Aguilar ist bekannt für seine einfühlsame Art, Pferde zu trainieren. Er zeigt anhand vieler praktischer Übungen, wie Pferde in ihrem Wesen begriffen und gefördert werden können.

Eschbach, Andrea und Markus: **Pferdesprache für Kinder,** Pferdeflüstern leicht gemacht, KOSMOS 2008
Dieses Buch erklärt die Pferdesprache, wie Menschen lernen, sich mit Körpersprache verständlich zu machen und mit Pferden Freundschaft zu schließen.

Eschbach, Andrea und Markus: **Reiten mit Vertrauen,** KOSMOS 2011
Anhand vieler Farbfotos und toller Tipps lernen Kinder, wie sie wie die Indianer reiten lernen und mit ihrem Pferd kommunizieren können.

Eschbach, Andrea und Markus: **Reiten so frei wie möglich,** Gebisslose Zäumungen, Halsring und Ohne-Sattel-Reiten, KOSMOS 2010
Mehr Freiheit mit dem Pferd! Sie können Ihre Ausrüstung minimieren. Setzen Sie Ihren Traum in die Tat um und reiten Sie Ihr Pferd gebisslos, mit Halsring und ohne Sattel.
Auch als E-Book erhältlich.

Eschbach, Andrea und Markus: **Freie Bodenarbeit mit dem Pferd,** Kommunikation und Körpersprache, KOSMOS 2011
Als Reiter möchte man sein Pferd verstehen und mit ihm kommunizieren, am besten harmonisch und „ohne viele Worte". Bei der Bodenarbeit im freien Miteinander können Mensch und Pferd ganz natürlich zueinander finden und dabei Vertrauen entwickeln.
Auch als E-Book erhältlich.

Kreinberg, Peter: **Peter Kreinbergs Bodenschule,** The Gentle Touch-Übungen für mehr Gelassenheit, KOSMOS 2009
Die wichtigsten Bodenarbeitsübungen nach der The-Gentle-Touch-Methode mit Schritt-für-Schritt-Anleitungen. Eine Fundgrube für alle, die ihr Pferd einfach, effektiv und pferdefreundlich ausbilden wollen.
Auch als E-Book erhältlich.

Royer, Diana und John: **Die besten Übungen Westernreiten,** KOSMOS 2013
Die vorgestellten Übungen bauen schrittweise aufeinander auf und

bilden die Basis für das Training, sorgen für Abwechslung und sind leicht miteinander zu kombinieren. Kurze Texte und klare Zeichnungen zu jeder Lektion sowie Tabellen mit häufigen Problemen und deren Lösung ermöglichen ein schnelles Erfassen der Übung und sorgen für erfolgreiche Westernreitstunden.

Schöning, Dr. Barbara: **Pferdeverhalten**, Körpersprache und Kommunikation, **Probleme lösen und vermeiden**, KOSMOS 2008
Diese moderne Verhaltenslehre erklärt wissenschaftlich fundiert und für Jedermann verständlich, wie und warum Pferde ein bestimmtes Verhalten zeigen und welche Konsequenzen dies für einen artgerechten Umgang hat.

Tellington-Jones, Linda/Lieberman, Bobby: **Tellington Training für Pferde**, Das große Lehr- und Praxisbuch, KOSMOS 2007
Das große Lehr- und Praxisbuch, in dem die berühmte Pferdeexpertin ihre Ausbildungswege für Pferde umfassend darstellt. Es geht darum, eine harmonische Bindung zwischen Mensch und Pferd zu schaffen. Auch als App erhältlich.

Teschen, Babette/Konnerth, Tania: **Praxiskurs Bodenarbeit**, KOSMOS 2013
Bodenarbeit verbessert spürbar die vertrauensvolle Zusammenarbeit zwischen Mensch und Reiter. Die erfahrenen Pferdetrainerinnen Babette Teschen und Tania Konnerth zeigen in diesem Ratgeber, wie die Übungen an der Hand Schritt für Schritt funktionieren und erklären stets auch das „Warum". Sie vermitteln konsequent einen pferdegerechten und sanften Weg der Ausbildung beginnend bei den Basisübungen über Spiele, Longieren und Gymnastizierung bis zur Freiarbeit.

Thiel, Ulrike: **Die Psyche des Pferdes**, Sein Wesen, seine Sinne, sein Verhalten, KOSMOS 2007
Wer weiß wirklich, wie Pferde fühlen und wie sie das Gerittenwerden erleben? Ein Blick in die Psyche des Pferdes vermittelt überraschende Einsichten und beantwortet viele Fragen. Lernen Sie, die Welt mit den Augen des Pferdes zu sehen!

Welz, Heinz: **Pferdeflüstern kann jeder lernen**, Die erfolgreichen Joining-Techniken Schritt für Schritt, KOSMOS 2011
In vielen Seminaren erprobt, hier erstmals als Buch: Die Erfolgsmethode von Heinz Welz! Die erfolgreichsten Joining-Techniken, Schritt für Schritt erklärt.

Wiemer, Sibylle: **Die besten Übungen Gymnastizierendes Reittraining**, KOSMOS 2013
Jeden Tag steht man als Reiter vor der Frage: Wie gestalte ich mein Training, damit mein Pferd und ich in der Ausbildung vorankommen und dazu auch noch Spaß haben? Dieser Ratgeber liefert Lektionen für die Reitstunde und bietet schnelle und übersichtliche Informationen.

Geschenktipps

GaWaNi Pony Boy: **Horse, Follow Closely**, indianisches Pferdetraining – Gedanken und Übungen, KOSMOS 2013
Der große Bildband mit DVD. Ein Buch, das den Traum vieler Reiter beschreibt: eins zu sein mit dem Pferd. Lesen und genießen Sie diesen Traum!

Mauceri, Sonia: **Was uns die Pferde flüs-
tern,** Ein Zugang zur Pferdeseele,
KOSMOS 2013
*Oft versuchen Pferde ihren Menschen
zu sagen, warum etwas schiefläuft.
Sie machen sogar Vorschläge, wie
etwas besser klappen könnte. Doch
der Mensch kann das nur hören, wenn
er sich seelisch öffnet. Es lohnt sich:
Wer die Botschaften der Pferdeseele
versteht, wird ungeahnte Dinge lernen – über sich und über sein Pferd.*
Auch als E-Book erhältlich.

Rashid, Mark: **Denn Pferde lügen nicht,**
Neue Wege zu einer vertrauten
Mensch-Pferd-Beziehung, KOSMOS
2012
*Pferde schließen sich einem sanft
Führenden freiwillig an, weil sie seinen Fähigkeiten vertrauen und sich in
seiner Gegenwart wohlfühlen. Wie
man diese erstrebenswerte Position
einnehmen kann, zeigt Mark Rashid
anhand vieler konkreter Fallbeispiele.*
Auch als E-Book erhältlich.

Rashid, Mark: **Pferde suchen einen
Freund,** ... denn Pferde suchen Sicherheit, KOSMOS 2010
*In diesem Buch erzählt Pferdetrainer
Mark Rashid, wie er mithilfe der Leh-
ren seines alten Pferdemannes und
der Kampfkunst Aikido lernt, die Energie des Pferdes aufzunehmen, sie mit
der eigenen zu verschmelzen und so
zum inneren Gleichgewicht zurückzu-
finden.*

Resnick, Carolyn: **Tochter der Mustangs,**
Mein Leben unter Wildpferden, KOS-
MOS 2012
*Bewegende Erlebnisse einer Frau, die
das Vertrauen einer Wildpferdeherde
erlangt. Dieses Buch stillt die Sehn-
sucht nach tiefer Verbundenheit mit
den Pferden und zeigt einen Weg, sich
partnerschaftlich mit ihnen auszu-
tauschen.*
Auch als E-Book erhältlich.

Register

Ablenkung 28
Alltagsideen 118
Alltagssituationen 16
Anbinden 7
Ausbildung 14
Auswickeln 79

Beine bewegen 64ff, 74
Berührung 26ff, 47
Berührung, indirekte 46
Bewegungsmuster 18
Biegung 55ff, 59

D-Knoten 10
Dosierung 97
Dritte Führposition 101ff
Drucklücken 40

Emotionalität 21
Energie reduzieren 76
Energie steigern 24
Equipment 12
Erregung 62
Erste Führposition 93ff

Fehler 20
Figuren 114
Flaschenzielen 76
Freies Führen 110ff
Führen, frei 110ff
Führposition, Dritte 101ff
Führposition, Erste 93ff
Führposition, Vierte 103ff
Führposition, Zweite 95ff
Führseile 9
Führung 87ff
Führungsqualität 91

Galopp 108
Gelände 116
Gerte 11
Grasflächen 12
Gymnastik 56

Hals biegen 55ff, 72
Handschuhe 11
Handtuch 32
Handwechsel 76
Hinterhand bewegen 47ff, 70
Hütchenzirkel 115

Ignoranz 41, 46, 51
Indirekte Berührung 46
Innenstellung 113

Junge Pferde 14

Kappzaum 7
Karabiner 9
Klarheit 19
Kleeblatt 115
Kleine Schritte 24
Kontaktstock 11
Konterübungen 82
Kooperation 38, 43
Kopf senken 61ff, 73
Kopfschlagen 60
Körperspannung 29
Krankheit 27
Kreisspiel 80

Labyrinth 114
Lächeln 20
Lehrer 17
Longieren 104ff
Losgehen 41

Markierungen 12

Nachgeben 38, 57
Notbremse 56

Passivität 48
Pause 24
Peitsche 11
Pferde, junge 14
Podest 16
Präsenz 89
Probleme 23

Qualität 18

Reduzieren 25
Reitplatz 12
Resultate 24
Richtungswechsel 109, 117
Ringknotenhalfter 5, 8
Rückwärts 43ff, 69

Schachbrett 115
Schnurhalfter 9
Schritte, kleine 24
Schulterherein 113
Seil 9
Seil, Handling 75
Seilgewöhnung 33ff
Seiltanz 76
Seitenwechsel 25
Seitwärts 78
Sensibilisierung 27
Slalom 114
Spielen 24
Stall 17
Steigerung 36
Stellung 57, 59
Stillstehen 28
Streicheln 26

Timing 96
Tor öffnen 119
Trainings-Guide 24

Übungsplätze 12
Unterricht 16

Vertrauen 26
Vertrauensbeweis 43
Verwerfen 7, 58
Vierte Führposition 103ff
Vorhand bewegen 52ff, 71
Vorschläge 25
Vorwärts 37ff, 68

Wahrnehmung 47

Zweite Führposition 95ff

Bildnachweis

Mit 201 Farbfotos von Christiane Slawik/Kosmos und 12 Farbfotos von Andrea und
Markus Eschbach (Seite 15, 42, 84, 87, 99, 103 o., 104, 111, 112, 115 u.li.).

Impressum

Umschlaggestaltung von eStudio Calamar unter Verwendung von zwei Farbfotos
von Christiane Slawik/Kosmos, www.slawik.com.

Mit 213 Farbfotos.

Unser gesamtes lieferbares Programm und viele
weitere Informationen zu unseren Büchern,
Spielen, Experimentierkästen, DVD, Autoren und
Aktivitäten finden Sie unter **kosmos.de**

Gedruckt auf chlorfrei gebleichtem Papier

© 2014, Franckh-Kosmos Verlags-GmbH und Co. KG, Stuttgart
Alle Rechte vorbehalten
ISBN 978-3-440-13388-0
Redaktion: Gudrun Braun
Gestaltungskonzept: Friedhelm Steinen-Broo, eStudio Calamar
Gestaltung und Satz: akuSatz Andrea Kunkel
Produktion: Nina Renz
Printed in Germany/Imprimé en Allemagne

FSC
www.fsc.org
MIX
Papier aus ver-
antwortungsvollen
Quellen
FSC® C110508

KOSMOS.
Wissen aus erster Hand.

Eigene Reitstunden gestalten

Westerntrainer sind rar und Kurse teuer. Deshalb üben Reiter gerne alleine mit ihrem Pferd. Mit diesem Buch bekommen Sie jede Menge Ideen und Übungsvorschläge für das eigene Training.

Diana und John S. Royer
Westernreiten
96 S., 90 Abb., €/D 14,99

Mit dem Pferd in Harmonie

Die erfahrenen Pferdetrainerinnen Babette Teschen und Tania Konnerth zeigen in diesem Ratgeber, wie die Übungen an der Hand Schritt für Schritt funktionieren und erklären stets auch das „Warum". Sie vermitteln konsequent einen pferdegerechten und sanften Weg der Ausbildung beginnend bei den Basisübungen über Spiele, Longieren und Gymnastizierung bis zur Freiarbeit.

Babette Teschen • Tania Konnerth
Praxiskurs Bodenarbeit
160 S., 265 Abb., €/D 26,99

kosmos.de/pferde

KOSMOS.
Lesen. Wissen. Reiten.

Freiheit und Vertrauen

Setzen Sie Ihren Traum in die Tat um und reiten Sie Ihr Pferd gebisslos, mit Halsring und ohne Sattel. Wissenschaftliche Erkenntnisse bestätigen es: Gebissloses Reiten ist schonender und stressfreier für das Pferd und auch für die Dressurarbeit sinnvoll. Andrea und Markus Eschbach zeigen in diesem Ratgeber, wie sie Pferde ausbilden und reiten, damit Harmonie möglich wird.

Andrea und Markus Eschbach
Reiten so frei wie möglich
128 S., 177 Abb., €/D 19,95

Verstehen und kommunizieren

Bei der Bodenarbeit im freien Miteinander können Mensch und Pferd ganz natürlich zueinander finden und dabei Vertrauen entwickeln. Die beiden erfahrenen Pferdetrainer erklären, wie sich Pferde mittels Körpersprache ausdrücken, wie die Kommunikation zwischen Mensch und Pferd funktioniert und wie das Training gestaltet werden kann.

Andrea und Markus Eschbach
Freie Bodenarbeit mit dem Pferd
128 S., 190 Abb., €/D 19,95

kosmos.de/pferde

Preisänderung vorbehalten